国家出版基金项目
NATIONAL PUBLICATION FOUNDATION

"十三五"国家重点图书出版规划项目

排序与调度丛书 （二期）

排序问题的动态规划方法

柏孟卓 张新功 编著

清华大学出版社
北京

内 容 简 介

本书系统地介绍了排序理论和动态规划理论方面的研究成果,讨论动态规划方法在解决排序与调度问题中的应用。本书讨论了单机排序问题、分批排序问题、成组加工排序问题、可控排序问题、可拒绝排序问题、若干供应链排序问题以及双代理排序问题的动态规划解法,并介绍了利用动态规划算法设计完全多项式时间近似方案(FPTAS)的应用成果。读者通过本书可以对动态规划在排序问题中的应用有一个全面的了解和认识。

本书可以作为运筹与管理、计算机、自动化等相关学科的教师和学生的参考书,也适合对排序领域有兴趣的读者阅读。

图书在版编目(CIP)数据

排序问题的动态规划方法/柏孟卓,张新功编著. —北京:清华大学出版社,2023.8
(排序与调度丛书. 二期)
ISBN 978-7-302-64220-6

Ⅰ. ①排… Ⅱ. ①柏… ②张… Ⅲ. ①排序 Ⅳ. ①O223

中国国家版本馆 CIP 数据核字(2023)第 134195 号

责任编辑:汪 操
封面设计:常雪影
责任校对:欧 洋
责任印制:杨 艳

出版发行:清华大学出版社
  网 址:http://www.tup.com.cn,http://www.wqbook.com
  地 址:北京清华大学学研大厦 A 座   邮 编:100084
  社 总 机:010-83470000   邮 购:010-62786544
  投稿与读者服务:010-62776969,c-service@tup.tsinghua.edu.cn
  质量反馈:010-62772015,zhiliang@tup.tsinghua.edu.cn
印 装 者:三河市龙大印装有限公司
经 销:全国新华书店
开 本:170mm×240mm 印张:9.75 字 数:183 千字
版 次:2023 年 8 月第 1 版   印 次:2023 年 8 月第 1 次印刷
定 价:69.00 元

产品编号:098293-01

《排序与调度丛书》编辑委员会

丛书序言

我知道排序问题是从 20 世纪 50 年代出版的一本名为 *Operations Research*（《运筹学》，可能是 1957 年出版）的书开始的。书中讲到了 S. M. 约翰逊（S. M. Johnson）的同顺序两台机器的排序问题并给出了解法。约翰逊的这一结果给我留下了深刻的印象。第一，这个问题是从实际生活中来的。第二，这个问题有一定的难度，约翰逊给出了完整的解答。第三，这个问题显然包含着许多可能的推广，因此蕴含了广阔的前景。在 1960 年左右，我在《英国运筹学》（季刊）（当时这是一份带有科普性质的刊物）上看到一篇文章，内容谈到三台机器的排序问题，但只涉及四个工件如何排序。这篇文章虽然很简单，但我也从中受到一些启发。我写了一篇讲稿，在中国科学院数学研究所里做了一次通俗报告。之后我就到安徽参加"四清"工作，不意所里将这份报告打印出来并寄了几份给我，我寄了一份给华罗庚教授，他对这方面的研究给予了很大的支持。这是 20 世纪 60 年代前期的事，接下来便开始了"文化大革命"，倏忽十年。20 世纪 70 年代初我从"五七"干校回家，发现国外学者在排序问题方面已做了不少工作，并曾在 1966 年开了一次国际排序问题会议，出版了一本论文集 *Theory of Scheduling*（《排序理论》）。我与韩继业教授做了一些工作，也算得上是排序问题在我国的一个开始。想不到在秦裕瑗、林诒勋、唐国春以及许多教授的努力下，跟随着国际的潮流，排序问题的理论和应用在我国得到了如此蓬勃的发展，真是可喜可贺！

众所周知，在计算机如此普及的今天，一门数学分支的发展必须与生产实际相结合，才称得上走上了健康的道路。一种复杂的工具从设计到生产，一项巨大复杂的工程从开始施工到完工后的处理，无不牵涉排序问题。因此，我认为排序理论的发展是没有止境的。我很少看小说，但近来我对一本名叫《约翰·克里斯托夫》的作品很感兴趣。这是罗曼·罗兰写的一本名著，实际上它是以贝多芬为背景的一本传记体小说。这里面提到贝多芬的祖父和父亲都是宫廷乐队指挥，当贝多芬的父亲发现他在音乐方面是个天才的时候，便想将他培养成一名优秀的钢琴师，让他到各地去表演，可以名利双收，所以强迫他勤学苦练。但贝多芬非常反感，他认为这样的作品显示不出人的气质。由于贝多芬有如此的感受，他才能谱出如《英雄交响曲》《第九交响曲》等深具人性的伟大乐章。我想数学也是一样,只有在人类生产中体现它的威力的时候,才能显示出数学这门学科的光辉,也才能显示出作为一名数学家的骄傲。

任何一门学科,尤其是一门与生产实际有密切联系的学科,在其发展初期那些引发它成长的问题必然是相互分离的,甚至是互不相干的。但只要研究继续向前发展,一些问题便会综合趋于统一,处理问题的方法也会与日俱增、深入细致,可谓根深叶茂,蔚然成林。我们这套丛书已有数册正在撰写之中,主题纷呈,蔚为壮观。相信在不久以后会有不少新的著作出现,使我们的学科呈现一片欣欣向荣、繁花似锦的局面,则是鄙人所厚望于诸君者矣。

越民义

中国科学院数学与系统科学研究院

2019 年 4 月

前　言

　　排序问题是一类重要的组合最优化问题,是运筹学研究的一个非常活跃的分支,广泛地应用于管理科学、计算机科学、工程技术、制造业、运输业、分派销售和其他服务行业。它研究如何在有限的资源限制和约束下对于给定的一些"工件"或"活动"从时间上和顺序上进行合理的安排和分配,以使某目标(如生产效率、资源利用率和合格率等)达到或接近最优。

　　动态规划是运筹学的一个重要分支。动态规划方法是研究多阶段决策过程最优化的一种数学方法,通过把多阶段过程划分为一系列相互联系的单阶段过程,再逐个阶段求解,从而使整个过程达到目标最优。动态规划方法在工程技术、经济管理、工业生产和军事等方面都有着广泛的应用。动态规划方法没有统一的标准模型,没有统一的处理格式。它必须依据问题本身的特性,利用灵活的数学技巧来处理。在排序与调度领域中,存在大量 NP 难的多阶段决策问题,用动态规划方法求得精确最优解是非常有效的方法之一。

　　现有讨论排序问题的书籍中,绝大多数是从问题的模型角度进行分类研究,很少从解决问题的方法角度展开讨论。本书系统地介绍了排序理论和动态规划理论方面的研究成果,讨论动态规划方法在解决排序与调度问题中的应用。从众多用动态规划方法求解的排序问题中选取有代表性的部分问题,进行总结和分析。读者通过本书可以对动态规划在排序问题中的应用有全面的了解和认识。

　　本书共分 7 章。第 1 章介绍动态规划的基础知识;第 2 章介绍排序问题的基本理论;第 3 章讨论经典的单机排序问题的动态规划求解方法;第 4 章研究若干新型排序问题的动态规划解法,其中包括分批排序问题、成组加工排序问题、可控排序问题以及可拒绝排序问题;第 5 章讨论如何用动态规划方法解决供应链排序问题;第 6 章研究双代理排序问题的动态规划解法;第 7 章讨论利用动态规划算法设计完全多项式时间近似方案(FPTAS)的应用成果。其中第 1 章、第 5 章由沈阳师范大学柏孟卓撰写,第 6 章、第 7 章由重庆师范大学张新功撰写,第 2 章至第 4 章由柏孟卓、张新功共同撰写。

　　本书内容既包含了用动态规划方法求解排序问题的经典研究成果,也包含了作者多年来研究工作积累的成果。本书从最初的构想到最终的成稿,一直得到唐国春教授的大力推动与悉心指导。此外,我们还得到了清华大学出版社编辑的细心帮助。在此向唐国春教授和清华大学出版社表示深深的感谢!

　　本书可以作为运筹与管理、计算机和自动化等相关学科的教师和学生的参考书。由于作者时间有限,书中或会有不妥之处,恳请读者批评指正!

作　者

2023 年 1 月

目 录

第1章　动态规划基础

动态规划(Dynamic Programming)是研究多阶段决策过程最优化的一种数学方法,是解决组合最优化问题的一个重要方法,在工程技术、经济管理、工业生产和军事等方面都有着广泛的应用。1951年,美国数学家R. Bellman等人根据一类多阶段决策问题的特点,提出了解决这类问题的"最优化原理",并研究了许多实际问题和数学模型,从而建立了数学规划的一个新分支——动态规划。

1.1　多阶段决策过程

在现实生活中,常常会遇到这样一类问题,其整个活动的过程具有明显的阶段性和序列性,而对整个活动过程的控制也往往分阶段进行决策。因此,可将过程分成相互联系的若干阶段,在它的每一阶段都要做出决策,从而使整个过程达到最佳的活动效果。所以,各个阶段的决策不能任意选取,它既依赖于活动过程当前的状态,又影响过程的后续发展。例如最短路问题,在每个节点都要对下一步的路径做出决策,这种决策依赖于前序节点的选择,又影响着后继节点的选择。当各个阶段决策确定后,就组成了一个决策序列,也就确定了整个过程的一条活动路线。这种把一个问题看作一个前后关联、具有链状结构的多阶段过程就称为多阶段决策过程(图1-1),这种问题称为多阶段决策问题。

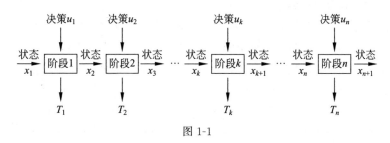

图 1-1

在多阶段决策问题中,每个阶段所做出的决策,一般来说与时间有关,决策依赖于系统当前的状态,做出决策后又引起状态的转变,因此需要在系统发展的不同时刻根据系统所处的状态不断进行决策,最后得出整个过程的最优决策。一个决策序列就是在变化的状态中产生出来的,因此具有"动态"的含义,称这种解决多阶段决策最优化的过程为动态规划方法。另外,一些与时间无关的问题,也可以人为划分阶段,转化为多阶段决策过程。

下面我们给出几个多阶段决策问题的实例。

例 1.1　最短路问题

在图 1-2 所示的有向网络中,每条弧上的数字表示弧的两个顶点之间距离,求从起点 A 到终点 E 的一条最短路径。

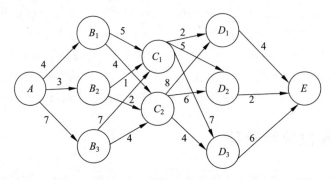

图 1-2

可以将从 A 到 E 的路划分为 4 个阶段:第 1 阶段需要选择从 A 到 B_1,B_2,B_3 的弧;第 2 阶段需要选择从 B_1,B_2,B_3 到 C_1,C_2 的弧;第 3 阶段需要选择从 C_1,C_2 到 D_1,D_2,D_3 的弧;第 4 阶段需要选择从 D_1,D_2,D_3 到 E 的弧。因此,这是一个 4 阶段决策过程。

如果不采用多阶段决策的方法,本题可以用穷举法求解,即把从起点 A 到终点 E 的全部路径列举出来,计算每条路径的长度,从中选出最短路径。显然,穷举法过于费时,并且一旦中间点增加几个,会使备选的路径数量大大增加。

例 1.2　设备更新问题

某工厂使用一台设备,在每年年初,领导部门就要决定是购置新设备还是继续使用旧设备。如果继续使用旧设备,就要支付一定的维修费;如果购置新设备,则要支付一定的购置费。已知该设备 5 年内在各年年初的价格为

第 1 年	第 2 年	第 3 年	第 4 年	第 5 年
11	11	12	12	13

并且已知使用不同时间(年)的设备所需要的维修费用为

使用年限	0~1 年	1~2 年	2~3 年	3~4 年	4~5 年
维修费用	5	6	8	11	18

现在的问题是如何制订一个 5 年之内的设备更新计划,使得总的支付费用最少?

易见,这是一个 5 阶段决策过程。

例 1.3　排序问题

设有 n 个工件 $J_1, J_2, \cdots, J_n$ 要在一台机器上加工,工件 J_i 的加工时间记为 p_i,工件 J_i 的工期记为 d_i,求使最大延误时间最小的加工顺序。

显然,任意一个加工顺序都可以看作一个 n 阶段的决策,每个阶段需要决策选择哪个工件进行加工。

例 1.4　多元函数极值问题

求函数 $f(x_1, x_2, \cdots, x_n)$ 的最大值,这是一个与时间无关的静态问题,但我们可以把确定 $x_1, x_2, \cdots, x_n$ 的值的过程当作动态模型来处理,例如,先确定 x_1,再确定 x_2,以此类推。

1.2　动态规划的基本思想

动态规划的基本思想:把多阶段问题转化为一系列相互联系的单阶段问题,利用各阶段之间的关系,按照一定的次序依次求解,最后得到原问题的最优解。

我们以例 1.1 的最短路问题为例来说明动态规划的基本思想。

先把整个过程分为 4 个阶段,如图 1-3 所示。

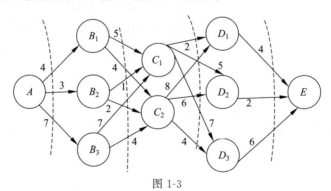

图 1-3

第 1 阶段以 A 为起点,B_1, B_2, B_3 为终点,有三种选择,如果我们选择 B_2 作为第 1 阶段的决策,则它既是第 1 阶段路径的终点,也是第 2 阶段路径的起点。第 2 阶段从 B_2 出发,有两个点 C_1, C_2 可供选择。若我们选择 C_2 作为第 2 阶段的决策,则 C_2 既是第 2 阶段的终点,也是第 3 阶段的起点。依次类推下去,各个阶段的决策不同,就会得到不同的路径。当一个阶段的起点确定了之后,它就会直接影响后面各个阶段的路径选择,以及整条路径的长度。但是,后面阶段的决策不会受该阶段起点之前的各个阶段路径的影响。因此,我们可以从后向前考虑各个阶段的决策。

为描述方便,我们定义如下记号。

s_k:第 k 阶段路径的起点;

$w(x, y)$:弧 (x, y) 的权;

$f_k(s_k)$:顶点 s_k 到终点 E 的最短路的路径长度。

决策过程如下。

第 4 阶段:

无论第 3 阶段选择了哪一个点,在第 4 阶段都只有一种选择,且 D_1, D_2,D_3 到 E 的最短距离分别是 $4, 2, 6$,即:

当 $s_4 = D_1$ 时,$f_4(D_1) = w(D_1, E) = 4$;

当 $s_4 = D_2$ 时,$f_4(D_2) = w(D_2, E) = 2$;

当 $s_4 = D_3$ 时,$f_4(D_3) = w(D_3, E) = 6$。

第 3 阶段:

当 $s_3 = C_1$ 时,$f_3(C_1) = \min \begin{cases} w(C_1, D_1) + f_4(D_1) \\ w(C_1, D_2) + f_4(D_2) \\ w(C_1, D_3) + f_4(D_3) \end{cases} = w(C_1, D_1) +$

$f_4(D_1) = 6$;

当 $s_3 = C_2$ 时,$f_3(C_2) = \min \begin{cases} w(C_2, D_1) + f_4(D_1) \\ w(C_2, D_2) + f_4(D_2) \\ w(C_2, D_3) + f_4(D_3) \end{cases} = w(C_2, D_2) +$

$f_4(D_2) = 8$。

第 2 阶段:

当 $s_2 = B_1$ 时,$f_2(B_1) = \min \begin{cases} w(B_1, C_1) + f_3(C_1) \\ w(B_1, C_2) + f_3(C_2) \end{cases} = w(B_1, C_1) +$

$f_3(C_1) = 11$;

当 $s_2 = B_2$ 时,$f_2(B_2) = \min \begin{cases} w(B_2, C_1) + f_3(C_1) \\ w(B_2, C_2) + f_3(C_2) \end{cases} = w(B_2, C_1) +$

$f_3(C_1) = 7$;

当 $s_2 = B_3$ 时,$f_2(B_3) = \min \begin{cases} w(B_3, C_1) + f_3(C_1) \\ w(B_3, C_2) + f_3(C_2) \end{cases} = w(B_3, C_2) +$

$f_3(C_2) = 12$。

第 1 阶段：

$$f_1(A) = \min \left\{ \begin{array}{l} w(A,B_1) + f_2(B_1) \\ w(A,B_2) + f_2(B_2) \\ w(A,B_3) + f_2(B_3) \end{array} \right\} = w(A,B_2) + f_2(B_2) = 10 \, 。$$

采用反向追踪的方法,可以得到点 A 到点 E 的最短路径应该是 $A\text{-}B_2\text{-}C_1\text{-}D_1\text{-}E$,最短距离是 10。

这个例子的推进过程是从最后一个阶段到第一个阶段的,这属于动态规划的逆向解法。有时分析问题的过程也可以从第一个阶段到最后一个阶段,称之为顺向解法。像这种逐层推进的方法,其关键在于建立相邻两个阶段之间的递推方程,也就是动态规划方法的基本方程。

最后,我们通过例 1.1 的分析,总结一下用动态规划方法进行多阶段决策过程的特点:

(1) 整个过程可以自然地或者人为地分为 n 个阶段;

(2) 逐阶段进行决策,可以采用逆向递推,也可以采用顺向递推;

(3) 在每一阶段,都不是仅仅考虑当前阶段的指标是否达到最优,而是要同时考虑本阶段之前的各个阶段的总体指标,根据全局的最优性来确定本阶段的决策;

(4) 在逆向递推进行到第一阶段,或者顺向递推进行到最后一个阶段,需要通过反向追踪回溯到最后一个阶段或第一个阶段,才能完成整体的最优决策。

1.3　动态规划基础知识

本节将详细介绍动态规划的基础知识。

1.3.1　基本概念和常用术语

1. 阶段

一个问题用动态规划方法来求解,首先应该适当地把问题的过程划分成若干个相互联系的**阶段**,以便按一定的次序求解。描述阶段的变量称为阶段变量,常用 k 表示。从过程开始到结束的阶段数目 N 称为历程。通常按照时间的自然特征来划分阶段,如例 1.1 就可以分成 4 个阶段来处理,即 $N=4, k=1, 2, 3, 4$。对于不显露出时间特性的静态模型,也可以人为地划分一些阶段,作为一个过程来处理。一般来说,历程 N 可以是确定的,也可以是不确定的。根据历程,可以将多阶段决策过程分为:

（1）定期多阶段决策过程：在决策之前就已知历程是确定的有限值；

（2）不定期多阶段决策过程：预先知道历程是确定的有限值，但在得到最优解之前不知道它的具体值；

（3）随机多阶段决策过程：历程是与外部条件有关的随机变量；

（4）无限期多阶段决策过程：历程无限。

2. 状态

状态表示每个阶段开始时的客观条件，阶段的状态可以用阶段的某种特征来描述，决策的过程可以通过各个阶段状态的演变来说明。一个阶段通常有若干状态，阶段的一个状态也可以认为状态的某个"值"。描述状态的变量称为状态变量，第 k 阶段状态的状态变量记为 s_k。在例 1.1 中，某一阶段的状态就是该阶段支路的起点，它同时也是上一阶段某支路的终点。如在第 3 阶段，有两个状态，即点集 $\{C_1, C_2\}$，所以状态变量 s_3 可以取两个值，$s_3 = C_1$ 或者 $s_3 = C_2$。

3. 决策

所谓**决策**，就是在给定某阶段状态后，从该状态演变到下一个阶段状态所做的抉择。描述决策的变量称为决策变量。第 k 阶段的决策变量 x_k 的取值集与第 k 阶段的状态 s_k 有关，记为 $D_k(s_k)$。在例 1.1 中，第 3 阶段的状态变量 $s_3 = C_1$ 时，决策变量 x_3 的取值集 $D_3(C_1) = \{D_1, D_2, D_3\}$，若选择 D_1，则 $x_3(C_1) = D_1$。

4. 策略

假定问题分为 N 个阶段，那么从第一阶段开始到第 N 阶段结束的过程中，决策变量序列 $(x_1, x_2, \cdots, x_N)$ 的一组值称为一个全过程策略，简称**策略**，记为 P。如在例 1.1 中，$x_4(E) = D_1, x_3(D_1) = C_1, x_2(C_1) = B_2, x_1(B_2) = A$ 构成一个策略 $A\text{-}B_2\text{-}C_1\text{-}D_1\text{-}E$。对逆向解法来说，决策变量序列 $(x_k, x_{k+1}, \cdots, x_N)$，$1 \leqslant k \leqslant N$ 的一组值称为一个子策略，记为 P_k。$C_1\text{-}D_1\text{-}E$ 就是例 1.1 的一个子策略；对顺向解法来说，决策变量序列 $(x_1, x_2, \cdots, x_k)$，$1 \leqslant k \leqslant N$ 的一组值称为一个子策略。子策略 $(x_k, x_{k+1}, \cdots, x_N)$ 或者 $(x_1, x_2, \cdots, x_k)$ 的取值集记为 $\widetilde{D}(s_k)$。

用动态规划方法解最优化问题，就是选择一种策略去控制一个多阶段过程的发展，以达到最佳的运行效果，此时称这个策略为最优策略。

5. 状态转移规律

对逆向解法来讲，第 k 阶段状态 s_k 是由后一阶段的状态 s_{k+1} 取决策变量

的某一个值 x_{k+1} 演变而来的。一般来讲，s_k 是 s_{k+1} 和 x_{k+1} 的函数 $s_k = T_k(s_{k+1}, x_{k+1})$。类似地，对顺向解法来讲，第 k 阶段状态 s_k 是由前一阶段的状态 s_{k-1} 取决策变量的某一个值 x_{k-1} 演变而来的。**状态转移规律**就是指 $s_k = T_k(s_{k+1}, x_{k+1})$ 或者 $s_k = T_k(s_{k-1}, x_{k-1})$。

动态规划的决策过程中，状态具有无后效性，也称马尔可夫性。即状态应具有这样的性质：如果某阶段状态给定后，则在这阶段以后的过程发展不受这阶段以前各段状态的影响。也就是说，过程的过去历史只能通过当前的状态去影响它未来的发展，当前的状态是以往历史的一个总结。换而言之，一般的状态转移规律为 $s_k = T_k(s_{k+1}, x_{k+1})$ 或者 $s_k = T_k(s_{k-1}, x_{k-1})$ 的形式，不依赖于 $s_N, x_N, s_{N-1}, x_{N-1}, \cdots, s_{k+2}, x_{k+2}$，或 $s_1, x_1, s_2, x_2, \cdots, s_{k-2}, x_{k-2}$。在例 1.1 中，状态转移规律为 $s_k = x_{k+1}(s_{k+1})$。

6. 权函数

对第 k 阶段状态 s_k，当决策变量 x_k 取某个值（或方案）后，就有一个反映这个局部措施的效益指标 $w_k(s_k, x_k)$，称为**权函数**。在例 1.1 中，$w_k(s_k, x_k) = d(s_k, x_k)$，其中 $d(s_k, x_k)$ 表示 s_k 与 x_k 之间的距离，例如 $w_3(C_2, D_2) = 6$。

7. 指标函数

指标函数是用来衡量决策过程效果优劣的一种数量指标，是关于状态和策略的数量函数。具体是指在某个阶段的某个状态出发，采取某个子策略时所产生的效益，反映从该阶段到决策过程最初阶段的各阶段效益总和（这里的总和是一个广义的概念，通常是实数的加法或乘法运算）。动态规划模型中的指标函数要具有可分离性，即过程的每个部分（子过程）都可以计算效益。对逆向解法来讲，在第 k 阶段状态 s_k 采取子策略 $(x_k, x_{k+1}, \cdots, x_N)$ 时的指标函数是指从阶段 k 到阶段 N 可获得的效益；对顺向解法来讲，在第 k 阶段状态 s_k 采取子策略 $(x_1, x_2, \cdots, x_k)$ 时的指标函数是指从阶段 1 到阶段 k 可获得的效益。

指标函数的最优值称为最优指标函数，对于逆向解法来讲，它表示在第 k 阶段状态 s_k 采取最优子策略 $(x_k, x_{k+1}, \cdots, x_N)$，从阶段 k 到阶段 N 可获得的效益，记为 $F_k(s_k)$。通常 $F_k(s_k)$ 可写成下列形式

$$F_k(s_k) = \mathop{\text{opt}}_{(x_k, x_{k+1}, \cdots, x_N) \in \widetilde{D}(s_k)} \{w_k(s_k, x_k) \cdot w_{k+1}(s_{k+1}, x_{k+1}) \cdot \cdots \cdot w_N(s_N, x_N)\};$$

对顺向解法来讲，它表示在第 k 阶段状态 s_k 采取最优子策略 $(x_1, x_2, \cdots, x_k)$，从阶段 1 到阶段 k 可获得的效益，也记为 $F_k(s_k)$。通常 $F_k(s_k)$ 可写成下列形式：

$$F_k(s_k) = \underset{(x_1,x_2,\cdots,x_k)\in \widetilde{D}(s_k)}{\text{opt}} \{w_1(s_1,x_1) \cdot w_2(s_2,x_2) \cdot \cdots \cdot w_k(s_k,x_k)\}。$$

对于逆向解法来讲，$F_1(s_1)$代表全局最优值；对顺向解法来讲，$F_N(s_N)$代表全局最优值。如在例 1.1 中，$F_2(B_2)=7$ 表示从点 B_2 到点 E 的最短路径长度为 7，$F_1(A)=10$ 表示从起点 A 到终点 E 的最短路径长度为 10。

8. 递推方程

对逆向解法来讲，递推方程是

$$\begin{cases} F_{N+1}(s_{N+1})=0 \text{ 或 } 1, \\ F_k(s_k) = \underset{x_k\in D_k(s_k)}{\text{opt}} \{w_k(s_k,x_k) \cdot F_{k+1}(s_{k+1})\}, \quad k=N,N-1,\cdots,1。 \end{cases}$$

在上述方程中，$F_{N+1}(s_{N+1})=0$ 或 1 为初始条件（也称边界条件），当 • 为加法时，取 $F_{N+1}(s_{N+1})=0$；当 • 为乘法时，取 $F_{N+1}(s_{N+1})=1$。在例 1.1 中，递推方程为

$$\begin{cases} F_6(s_6)=0, \\ F_k(s_k) = \underset{x_k\in D_k(s_k)}{\min} \{w_k(s_k,x_k) + F_{k+1}(s_{k+1})\}, \quad k=5,4,3,2,1。 \end{cases}$$

对顺向解法来讲，递推方程是

$$\begin{cases} F_0(s_0)=0 \text{ 或 } 1, \\ F_k(s_k) = \underset{x_k\in D_k(s_k)}{\text{opt}} \{w_k(s_k,x_k) \cdot F_{k-1}(s_{k-1})\}, \quad k=1,2,\cdots,N。 \end{cases}$$

其中 $F_0(s_0)=0$ 或 1 为初始条件，当 • 为加法时，取 $F_0(s_0)=0$；当 • 为乘法时，取 $F_0(s_0)=1$。

1.3.2 动态规划基本模型及基本原理

1. 动态规划基本模型

用动态规划方法解决多阶段决策过程的问题所需建立的模型称为动态规划模型。一般动态规划模型包括以下几个组成部分：

（1）**时间参量集**　由于实际的决策过程是随时间而变化的，所以时间参量是模型的一个组成部分。如果决策是在离散的时间上采取的，则时间参量是离散的，相应的决策过程是离散过程；如果决策是在连续的时间上采取的，则时间参量是连续的，相应的决策过程是连续过程。

（2）**状态空间**　在决策过程中，状态起着描述过程的作用，各个时刻的状态一旦确定，整个过程便随之确定。当决策的方式给定时，状态随时间的变化规

律可能是确定性的,也可能是随机性的,相应的决策过程称为确定性决策过程或随机性决策过程。

根据时间参量和状态空间的特性,动态规划模型可以分为离散确定型、离散随机型、连续确定型和连续随机型四类。

（3）决策空间　在决策过程中,决策是影响或控制过程发展的外加因素,用决策变量来描述,决策变量的取值集合称为决策空间。

（4）状态转移规律　状态转移规律描述了本阶段状态与上一阶段状态及上一阶段决策之间的关系,通常用状态转移方程刻画由一个阶段的状态到下一阶段的状态的演变规律。

（5）权函数　权函数体现从一个阶段到下一阶段的阶段效应。

（6）指标函数　指标函数体现从一个阶段到最后阶段的总效应。

下面,我们总结一下建立动态规划模型的基本步骤:

① 将过程进行恰当的分段,一般可以根据时间和空间划分;

② 正确选择状态变量 s_k,使它既能描述过程,又能满足无后效性;

③ 确定决策变量 x_k,及每个阶段的允许决策集合 $D_k(s_k)$;

④ 写出状态转移方程: $s_k = T_k(s_{k+1}, x_{k+1})$ 或者 $s_k = T_k(s_{k-1}, x_{k-1})$;

⑤ 根据题意写出最优指标函数:

$$F_k(s_k) = \operatorname*{opt}_{(x_k, x_{k+1}, \cdots, x_N) \in \widetilde{D}(s_k)} \{w_k(s_k, x_k) \cdot w_{k+1}(s_{k+1}, x_{k+1}) \cdot \cdots \cdot w_N(s_N, x_N)\},$$

或

$$F_k(s_k) = \operatorname*{opt}_{(x_1, x_2, \cdots, x_k) \in \widetilde{D}(s_k)} \{w_1(s_1, x_1) \cdot w_2(s_2, x_2) \cdot \cdots \cdot w_k(s_k, x_k)\};$$

⑥ 根据问题的性质写出递推方程,也就是动态规划的基本方程:

$$\begin{cases} F_{N+1}(s_{N+1}) = 0 \text{ 或 } 1, \\ F_k(s_k) = \operatorname*{opt}_{x_k \in D_k(s_k)} \{w_k(s_k, x_k) \cdot F_{k+1}(s_{k+1})\}, \quad k = N, N-1, \cdots, 1, \end{cases}$$

或

$$\begin{cases} F_0(s_0) = 0 \text{ 或 } 1, \\ F_k(s_k) = \operatorname*{opt}_{x_k \in D_k(s_k)} \{w_k(s_k, x_k) \cdot F_{k-1}(s_{k-1})\}, \quad k = 1, 2, \cdots, N。 \end{cases}$$

在计算时,根据边界条件从 $k = N$(或 $k = 1$)开始由后向前(或由前向后)逐步递推,求得各阶段的最优决策和最优指标函数,最后算出 $F_1(s_1)$(或 $F_N(s_N)$)就是问题的最优值,最优决策需要按照求解步骤反向追踪,就可以得到全局最优策略。

用动态规划方法解决问题有两个特点。首先,只有当所有的阶段和状态都被考察过,从最后一个阶段出发,用追踪法往回考察所有的阶段后,才能得到最优解。此外,一般来讲,动态规划方法是指数算法。

2. 动态规划方法的基本原理

1951 年,美国数学家 R. Bellman 等人在建立动态规划这一数学分支时,根据一类多阶段决策问题的特点,提出了解决这类问题的"最优化原理",它是动态规划的理论基础,能够解决许多类型决策过程的优化问题。

最优化原理的提出基于这样的原因:多阶段决策过程的特点是每个阶段都要进行决策,具有 N 个阶段的决策过程的策略是由 N 个相继进行的阶段决策构成的决策序列。由于前阶段的终止状态又是后一阶段的初始状态,因此确定阶段最优决策不能只从本阶段的效应出发,必须通盘考虑,整体规划。就是说,阶段 k 的最优决策不应只是本阶段的最优,而必须是本阶段及其所有后续阶段的总体最优,即关于整个后部子过程的最优决策。**最优化原理**的实质是在多阶段决策过程中,无论过去的过程如何,只从当前的状态和系统的最优化要求出发,找出下一步的最优决策。即最优策略的任何一部分子策略必然是最优子策略。

1.3.3　可用动态规划求解的问题的特征

动态规划是对于某一类问题的解决方法,重点在于如何鉴定"某一类问题"是动态规划可解的。

一个问题是否能够用动态规划算法去求解,取决于待求解问题本身是否具有以下两个重要性质:最优子结构性质和状态的无后效性。

1. 最优子结构性质

如果问题的最优解所包含的子问题的解也是最优的,我们就称该问题具有最优子结构性质(即满足最优化原理)。最优子结构性质为动态规划算法解决问题提供了重要线索。设计动态规划算法的核心在于什么是问题的最优子结构,如何找到这个最优子结构。如果某些递推方程不能保证最优化原理,就不能用动态规划方法求解。

2. 状态的无后效性

应用动态规划方法解决多阶段决策问题是通过拆分问题,定义问题状态和状态之间的关系,使得问题能够以递推的方式去解决。其中最关键的思想就是将全局问题分解成子问题,一步步地找出每一步问题的最优解,最后得出全局问题的最优解。因此,动态规划的本质,是对问题状态的定义和状态转移方程的定义。这两点是动态规划模型中最关键的两个要素。其中状态是一种静态的量,在需要的时候去获取它的值;而状态转移方程则是对状态进行提取和操作,从而更新或得出我们需要的新的状态。

是否能够用动态规划来解决问题,除了要满足具有最优子结构性质,还有一个必备条件,就是各阶段的状态具有无后效性,即对于逆向解法,第 k 阶段的状态只与第 $k+1$ 阶段的状态有关,对于顺向解法,第 k 阶段的状态只与第 $k-1$ 阶段的状态有关,而与其他各阶段的状态无关。

上述两个必备条件可用来检查问题是否能用动态规划算法求解,而动态规划方法的有效性与子问题的重叠性有关。

3. 子问题的重叠性

子问题的重叠性是指在对问题进行求解时,每次产生的子问题并不总是新问题,有些子问题会被重复计算多次。动态规划算法正是利用了这种子问题的重叠性质,对每一个子问题只计算一次,然后将其计算结果保存起来,当需要再次计算已经计算过的子问题时,只需要简单地查看一下结果,从而获得较高的解题效率。

子问题的重叠性能省去很多重复的步骤,从而使动态规划算法与其他穷举思想的算法相比,具有较高的效率。

1.4 动态规划在组合优化问题中的应用

动态规划问世以来,在经济管理、生产调度、工程技术和最优控制等方面得到了广泛的应用。在第 1 章,我们以最短路问题为例介绍了动态规划的基本思想,本章我们继续介绍动态规划的其他重要应用。通过动态规划在各类问题中的实际应用,我们也可以更好地体会到动态规划是求解多阶段决策问题的一种途径,一种思想方法,而不是一个具体的算法。动态规划方法通常用于求解具有某种最优性质的问题。因为各种问题的性质不同,最优解满足的条件也各不相同,所以动态规划算法没有一个标准的表达式,它对不同问题有不同的数学表达式,因而没有统一的处理格式。它必须依据问题本身的特性,利用灵活的数学技巧来处理。

1.4.1 资源分配问题

资源分配问题是指将一定数量的一种或多种资源分配给使用者,以获取最大的收益的一类问题。这类问题是动态规划方法的典型应用。

资源分配问题可以这样描述：某工厂用某种原料生产产品，现有原料总量为 w，用于生产 n 种产品。假设分配给生产第 i 种产品的原料为 x_i，获得的收益是 $g_i(x_i)$，$i=1,2,\cdots,n$。问如何分配资源可以使得该工厂收益最大？

如果收益函数 $g_i(x_i)$ 是线性的，该问题可以建立线性规划模型。如果 $g_i(x_i)$ 是非线性的，当 n 较大时，可以用动态规划的方法建立模型并求出最优解。这是一个与时间无关的问题，可以将分配资源的过程分成 n 个阶段，采用逆向解法。下面建立动态规划模型：

首先，将分配资源的过程分成 n 个阶段：第 i 阶段为第 i 种产品分配原料，$i=1,2,\cdots,n$；

然后，令状态变量 s_i 表示分配给用于生产第 i 种产品到第 n 种产品的原料数量；

决策变量 x_i 表示分配给生产第 i 种产品的原料数量；

状态转移方程：$s_{i+1}=s_i-x_i$；

最优值函数 $f_i(s_i)$ 表示在第 i 阶段当所选择物品的总量不超过 s_i 的情况下，能够达到的最大总价值；

边界条件：$f_{n+1}(s_{n+1})=0, 0\leqslant s_{n+1}\leqslant w$；

递推方程：$f_i(s_i)=\max\limits_{0\leqslant x_i\leqslant s_i}\{g_i(x_i)+f_{i+1}(s_i-x_i)\}$，$i=n-1,n-2,\cdots,1$；

最优值为 $f_1(w)$。

按上面的递推方程逐阶段计算，$f_1(w)$ 的值就是可获得的最大收益，再反向追踪，可得到最优决策，即用于生产各种产品的原料数量。

下面我们用一个具体的例子来运行这个动态规划算法。

例 1.5　某公司拟将五份资金分配给 A、B、C 三个项目，各项目可获得的利润如表 1-1 所示。问如何分配这五份资金，公司收益最大？

表 1.1　　　　　　　　　　　　　　　　　　　　　　　　　　　单位:万元

收益\资金份数 项目	0	1	2	3	4	5
A	0	4	6	7	7	7
B	0	2	4	6	8	9
C	0	4	5	6	6	6

解:

将问题按项目分成 3 个阶段，即 $N=3$。设分配给第 i 个到第 N 个项目的

资金份数共为 s_i，则 s_i 可能的取值有六种，即 $s_i=0,1,2,3,4,5(i=1,2,3)$；

边界条件：$f_4(s_4)=0,s_4=0,1,2,3,4,5$。

第 3 阶段：$f_3(0)=g_3(0)+f_4(0)=0$，

$f_3(1)=\max\{g_3(0)+f_4(1),\underline{g_3(1)+f_4(0)}\}=\max\{0+0,\underline{0+4}\}=4$，

类似地，计算出 $f_3(2)=5,f_3(3)=f_3(4)=f_3(5)=6$。

第 2 阶段：$f_2(0)=g_2(0)+f_3(0)=0$，

$$f_2(1)=\max\{\underline{g_2(0)+f_3(1)},g_2(1)+f_3(0)\}$$
$$=\max\{\underline{0+4},2+0\}=4,$$
$$f_2(2)=\max\{g_2(0)+f_3(2),\underline{g_2(1)+f_3(1)},g_2(2)+f_3(0)\}$$
$$=\max\{0+5,\underline{2+4},4+0\}=6,$$
$$f_2(3)=\max\{g_2(0)+f_3(3),g_2(1)+f_3(2),\underline{g_2(2)+f_3(1)},$$
$$g_2(3)+f_3(0)\}$$
$$=\max\{0+6,2+5,\underline{4+4},6+0\}=8,$$
$$f_2(4)=\max\{g_2(0)+f_3(4),g_2(1)+f_3(3),g_2(2)+f_3(2),$$
$$\underline{g_2(3)+f_3(1)},g_2(4)+f_3(0)\}$$
$$=\max\{0+6,2+6,4+5,\underline{6+4},8+0\}=10。$$

类似地，计算出 $f_2(5)=12$。

第 1 阶段：$f_1(0)=0,f_1(1)=4,f_1(2)=8,f_1(3)=10,f_1(4)=12$，

$$f_1(5)=\max\{g_1(0)+f_2(5),\underline{g_1(1)+f_2(4)},\underline{g_1(2)+f_2(3)},g_1(3)+f_2(2),$$
$$g_1(4)+f_2(1),g_1(5)+f_2(0)\}$$
$$=\max\{0+12,\underline{4+10},\underline{6+8},7+6,7+4,7+0\}=14。$$

因此，最大收益为 14。通过反向追踪可以得出最优资金分配方案：分配 1 份资金给项目 A，3 份资金给项目 B，1 份资金给项目 C；或者分配 2 份资金给项目 A，2 份资金给项目 B，1 份资金给项目 C。

1.4.2　背包问题

背包问题是经典的组合优化问题，也可以用动态规划的方法求解。

背包问题描述：设 n 是非负整数，给定一组物品共 n 个，每个物品有其自己的重量 $W_1,W_2,\cdots,W_n$ 和价值 $V_1,V_2,\cdots,V_n$，在限定的总重量 c 内，选择若干物品，使得所选物品的总价值最高。即找到一个子集 $S\subseteq\{1,2,\cdots,n\}$，使得在 $\sum_{j\in S}W_j\leqslant c$ 的条件下，$\sum_{j\in S}V_j$ 的值最大。

首先介绍一种逆向解法。

背包问题的动态规划算法 1：

按可选择物品的数量划分阶段，因此共有 n 个阶段；

状态变量 w 表示在第 k 阶段，考虑了第 k 个到第 n 个物品时，可能达到的总重量；

指标函数 $f_k(w)$ 表示当所选择物品的总重量不超过 w 的情况下，能够达到的最大总价值；

递推方程：

$$
\begin{cases}
f_{n+1}(w) = \begin{cases} 0, & 0 \leqslant w \leqslant c, \\ -\infty, & w < 0, \end{cases} \\
f_k(w) = \max\{0 + f_{k+1}(w), V_k + f_{k+1}(w - W_k)\}, \quad k = 2, 3, \cdots, n。
\end{cases}
$$

在上述递推方程中，$f_{n+1}(w) = \begin{cases} 0, & 0 \leqslant w \leqslant c, \\ -\infty, & w < 0 \end{cases}$ 是边界条件。$f_k(w)$ 的表达式中，第一个式子表示在第 k 阶段，考虑了第 k 个物品后，没有选择该物品，此时所选物品的总重量是 w，因此所选全部物品的价值和第 $(k+1)$ 阶段考虑到第 $(k+1)$ 个物品时的总价值一样。第二个式子表示在第 k 阶段，考虑了第 k 个物品后，选择了该物品，此时所选物品的总重量是 w，因此所选物品的总价值等于第 $(k+1)$ 阶段总重量是 $(w - W_k)$ 时的指标函数值 $\max\limits_{w \leqslant c}\{f_1(w)\}$ 加上第 k 个物品的价值 V_k。

最优值函数为 $\max\limits_{w \leqslant c}\{f_1(w)\}$。

下面我们通过具体实例来演示该算法的执行过程。

例 1.6 现有 3 个物品，重量分别为 $5, 4, 2$，价值分别为 $25, 18, 8$，背包能够承载总重量为 6，问：如何选择物品才能使装进背包的总价值最大？

解：首先，将问题分为 3 个阶段，边界条件 $f_4(w) = \begin{cases} 0, & 0 \leqslant w \leqslant 6, \\ -\infty, & w < 0, \end{cases}$ 然后按前述递推方程计算：

$$f_3(w) = \max\{f_4(w), 8 + f_4(w - 2)\}。$$

因此，$f_3(0) = f_3(1) = 0, f_3(w) = 8$（若 $2 \leqslant w \leqslant 6$）。这意味着当 $2 \leqslant w \leqslant 6$ 时，选择第 3 个物品最好。

接着由递推方程

$$f_2(w) = \max(f_3(w), 18 + f_3(w - 4))$$

可求得

$$f_2(0) = f_2(1) = 0, f_2(2) = f_2(3) = 8, f_2(4) = f_2(5) = 18,$$

$$f_2(6) = \max(f_3(6), 18 + f_3(2)) = \max(8, 18 + 8) = 26。$$

接着由递推方程

$$f_1(w) = \max(f_2(w), 25 + f_2(w - 5))$$

可求得

$$f_1(0)=f_1(1)=0, f_1(2)=f_1(3)=8, f_1(4)=18, f_1(5)=25,$$

$$f_1(6)=\max(f_2(6), 25+f_2(1))=\max(26, 25+0)=26。$$

因此,最优值为 $\max\limits_{w\leqslant 6}\{f_1(w)\}=f_1(6)=26$,利用反向追踪得到最优解为选择重量为 4 和 2 的物品。

建立动态规划算法时不能墨守成规,可以运用各种技巧来简化计算。我们还可以按下面的方法得到背包问题的动态规划顺向解法。

背包问题的动态规划算法 2:

令 $V(i,j)$ 表示在前 $i(1\leqslant i\leqslant n)$ 个物品中能够装入容量为 $j(1\leqslant j\leqslant c)$ 的背包中的物品的最大值,则可以得到如下动态规划函数:

边界条件: $V(i,0)=V(0,j)=0, 0\leqslant i\leqslant n, 0\leqslant j\leqslant c$;

递推方程:

$$V(i,j)=\begin{cases}V(i-1,j), & j<V_i,\\ \max\{V(i-1,j), V(i-1,j-w_i)+V_i\}, & j\geqslant V_i。\end{cases}$$

边界条件表示把前面 i 个物品装入容量为 0 的背包和把 0 个物品装入容量为 j 的背包,得到的价值均为 0。

递推方程中,第一个式子表示如果第 i 个物品的重量大于背包的容量,则物品 i 不能装入背包,因此装入前 i 个物品得到的最大价值和装入前 $(i-1)$ 个物品得到的最大价值是相同的。第二个式子表示如果第 i 个物品的重量不超过背包的容量,则会有以下两种情况:(1)如果第 i 个物品没有装入背包,则背包中物品的价值就等于把前 $(i-1)$ 个物品装入容量为 j 的背包中所取得的价值;(2)如果把第 i 个物品装入背包,则背包中物品的价值等于把前 $(i-1)$ 个物品装入容量为 $(j-w_i)$ 的背包中的价值加上第 i 个物品的价值 V_i。显然,取二者中价值较大者作为把前 i 个物品装入容量为 j 的背包中的最优解。

最优值为 $V(n,c)$。

接下来我们利用背包问题的顺向动态规划算法来求例 1.7 的最优解。

例 1.7　有 5 个物品,其重量分别是 $\{2,2,6,5,4\}$,价值分别为 $\{6,3,5,4,6\}$,背包的容量为 10,求装入背包的物品和获得的最大价值。

解:置初始值 $V(i,0)=V(0,j)=0, i=0,1,\cdots,5; j=0,1,\cdots,10$。

第 1 阶段: $V(1,1)=V(0,1)=0$,

　　　　　$V(1,j)=\max\{V(0,j), V(0,j-2)+6\}=6, j=2,\cdots,10$。

第 2 阶段: $V(2,1)=V(1,1)=0$,

　　　　　$V(2,j)=\max\{V(1,j), V(1,j-2)+3\}=\max\{6, 0+3\}=6,$

　　　　　　　　$j=2,3,$

$$V(2,j)=\max\{V(1,j),V(1,j-2)+3\}=\max\{6,6+3\}=9,$$
$$j=4,5,\cdots,10。$$

第 3 阶段：$V(3,1)=V(2,1)=0,$
$$V(3,j)=V(2,j)=6,j=2,3,$$
$$V(3,j)=V(2,j)=9,j=4,5,$$
$$V(3,j)=\max\{V(2,j),V(2,j-6)+5\}=\max\{9,0+5\}=9,$$
$$j=6,7,$$
$$V(3,j)=\max\{V(2,j),V(2,j-6)+5\}=\max\{9,6+5\}=11,$$
$$j=8,9,$$
$$V(3,10)=\max\{V(2,10),V(2,4)+5\}=\max\{9,9+5\}=14。$$

第 4 阶段：$V(4,1)=V(3,1)=0,$
$$V(4,j)=V(3,j)=6,j=2,3,$$
$$V(4,4)=V(3,4)=9,$$
$$V(4,j)=\max\{V(3,j),V(3,j-5)+4\}=\max\{9,0+4\}=9,$$
$$j=5,6,$$
$$V(4,7)=\max\{V(3,7),V(3,2)+4\}=\max\{9,6+4\}=10,$$
$$V(4,8)=\max\{V(3,8),V(3,3)+4\}=\max\{11,6+4\}=11,$$
$$V(4,9)=\max\{V(3,9),V(3,4)+4\}=\max\{11,9+4\}=13,$$
$$V(4,10)=\max\{V(3,10),V(3,5)+4\}=\max\{14,9+4\}=14。$$

第 5 阶段：$V(5,1)=V(4,1)=0,$
$$V(5,j)=V(4,j)=6,j=2,3,$$
$$V(5,j)=\max\{V(4,j),V(4,j-4)+6\}=\max\{9,0+6\}=9,$$
$$j=4,5,$$
$$V(5,6)=\max\{V(4,6),V(4,2)+6\}=\max\{9,6+6\}=12,$$
$$V(5,7)=\max\{V(4,7),V(4,3)+6\}=\max\{10,6+6\}=12,$$
$$V(5,8)=\max\{V(4,8),V(4,4)+6\}=\max\{11,9+6\}=15,$$
$$V(5,9)=\max\{V(4,9),V(4,5)+6\}=\max\{13,9+6\}=15,$$
$$V(5,10)=\max\{V(4,10),V(4,6)+6\}=\max\{14,9+6\}=15。$$

因此，装入背包内物品的最大价值是 15，用反向追踪法回溯，找到问题的最优解，即装入第 5 个、第 2 个和第 1 个物品。

1.4.3 设备更新问题

企业中经常会遇到一台设备应该使用多久之后再更新最划算的问题。一般来说，一台设备在比较新时，经济效益高，故障少，维修费用少，但随着使用年限的增加，经济效益减少，故障变多，维修费用随之增加。如果更新设备，可提高年净收入,但是当年要支出一笔数额较大的更新费用。

设备更新问题的一般描述为:在已知一台设备的效益函数 $r(t)$,维修费用函数 $u(t)$,及更新费用函数 $c(t)$ 的条件下,要求在 n 年内的每年年初做出决策,是继续使用旧设备还是更换一台新的,使得 n 年总效益最大。

用逆推方法求解,建立动态规划模型:

按照机器的使用年限来划分阶段,$k=1,2,\cdots,n$;

决策变量 $x_k = \begin{cases} 0, & \text{第 } k \text{ 年继续使用旧设备,} \\ 1, & \text{第 } k \text{ 年使用新设备;} \end{cases}$

状态变量 s_k:第 k 年年初,设备已经使用过的年限;

状态转移方程: $s_{k+1} = s_k(1-x_k)+1$,即表示如果第 k 年年初,使用新设备,则 $s_{k+1}=1$,否则 $s_{k+1}=s_k+1$;

最优指标函数 $f_k(s_k)$ 表示在第 k 年年初,使用一台已经用了 s_k 年的设备,到第 n 年年末的最大收益,则递推方程:

$$f_k(s_k) = \max \begin{cases} r(s_k)-u(s_k)+f_{k+1}(s_{k+1}), & x_k=0, \\ r(0)-u(0)-c(s_k)+f_{k+1}(1), & x_k=1, \end{cases} \quad k=n,n-1,\cdots,1;$$

递推方程中的第一个式子表示在第 k 年年初继续使用旧设备,没有购进新设备,第二个式子表示在第 k 年年初购进新设备。

边界条件: $f_{n+1}(s_{n+1})=0, s_{n+1}=1,2,\cdots,n$;

最优值: $f_1(0)$。

例 1.8　某企业使用一台设备,在每年年初,企业领导部门就要决定是购置新设备还是继续使用旧设备。如果购置新设备,就要支付一定的购置费用,如果继续使用旧设备,则需支付一定的维修保养费用。预测该设备在 5 年内每年年初的价格如表 1-2 所示,且已知使用不同年限的设备所需的维修费用及能够带来的效益如表 1-3 所示,该企业领导该如何制定 5 年之内的设备更新计划,使得总的支付费用最少?

表 1-2　　　　　　　　　　　　　　　　　　　　　　　　单位:万元

时间	第 1 年	第 2 年	第 3 年	第 4 年	第 5 年
价格	11	11	12	12	13

表 1-3　　　　　　　　　　　　　　　　　　　　　　　　单位:万元

使用年限	0～1 年	1～2 年	2～3 年	3～4 年	4～5 年
维修费用	5	6	8	11	18
效益	30	26	20	14	10

解：用逆推方法求解。按照机器的使用年限来划分阶段，$k=1,2,3,4,5$。

$k=6, f_6(s_6)=0, s_6=1,2,3,4,5,$

$$k=5, f_5(1)=\max\left\{\begin{array}{l}r(1)-u(1)+f_6(2),\\ \overline{r(0)-u(0)-c(5)+f_6(1)}\end{array}\right\}=\max\left\{\begin{array}{l}26-6+0,\\ \overline{30-5-13+0}\end{array}\right\}=20,$$

$$f_5(2)=\max\left\{\begin{array}{l}\overline{r(2)-u(2)+f_6(3)},\\ r(0)-u(0)-c(5)+f_6(1)\end{array}\right\}=\max\left\{\begin{array}{l}\overline{20-8+0},\\ 30-5-13+0\end{array}\right\}=12,$$

$$f_5(3)=\max\left\{\begin{array}{l}r(3)-u(3)+f_6(4),\\ \overline{r(0)-u(0)-c(5)+f_6(1)}\end{array}\right\}=\max\left\{\begin{array}{l}14-11+0,\\ \overline{30-5-13+0}\end{array}\right\}=12,$$

$$f_5(4)=\max\left\{\begin{array}{l}r(4)-u(4)+f_6(5),\\ \overline{r(0)-u(0)-c(5)+f_6(1)}\end{array}\right\}=\max\left\{\begin{array}{l}10-18+0,\\ \overline{30-5-13+0}\end{array}\right\}=12,$$

$$k=4, f_4(1)=\max\left\{\begin{array}{l}r(1)-u(1)+f_5(2),\\ \overline{r(0)-u(0)-c(4)+f_5(1)}\end{array}\right\}=\max\left\{\begin{array}{l}26-6+12,\\ \overline{30-5-12+20}\end{array}\right\}=33,$$

$$f_4(2)=\max\left\{\begin{array}{l}r(2)-u(2)+f_5(3),\\ \overline{r(0)-u(0)-c(4)+f_5(1)}\end{array}\right\}=\max\left\{\begin{array}{l}20-8+12,\\ \overline{30-5-12+20}\end{array}\right\}=33,$$

$$f_4(3)=\max\left\{\begin{array}{l}r(3)-u(3)+f_5(4),\\ \overline{r(0)-u(0)-c(4)+f_5(1)}\end{array}\right\}=\max\left\{\begin{array}{l}14-11+12,\\ \overline{30-5-12+20}\end{array}\right\}=33,$$

$$k=3, f_3(1)=\max\left\{\begin{array}{l}\overline{r(1)-u(1)+f_4(2)},\\ r(0)-u(0)-c(3)+f_4(1)\end{array}\right\}=\max\left\{\begin{array}{l}\overline{26-6+33},\\ 30-5-12+33\end{array}\right\}=53,$$

$$f_3(2)=\max\left\{\begin{array}{l}r(2)-u(2)+f_4(3),\\ \overline{r(0)-u(0)-c(3)+f_4(1)}\end{array}\right\}=\max\left\{\begin{array}{l}20-8+33,\\ \overline{30-5-12+33}\end{array}\right\}=46,$$

$$k=2, f_2(1)=\max\left\{\begin{array}{l}\overline{r(1)-u(1)+f_3(2)},\\ r(0)-u(0)-c(2)+f_3(1)\end{array}\right\}=\max\left\{\begin{array}{l}\overline{26-6+46},\\ 30-5-11+53\end{array}\right\}=67,$$

$k=1, f_1(0)=30-5-11+f_2(1)=81$。

因此，5 年内该企业可以获得的最大收益是 81 万元，用反向追踪法回溯，找到问题的最优解，即在第 1 年、第 2 年和第 4 年买入新设备，第 3 年和第 5 年继续使用旧设备。

第 2 章　排序问题基本理论

近代排序论的研究中,排序问题(scheduling problem)是从 Johnson[1] 研究的有关流水作业环境开始的。随后中国科学院应用数学研究所越民义研究员就注意到排序问题的重要性和理论上的难度。1960 年他编写了国内第一本排序论讲义。20 世纪 70 年代初越民义和韩继业一起研究同顺序流水作业(同序作业)排序问题,开创了中国研究排序论的先河[2]。1985 年中国科学院自动化研究所疏松桂等把 scheduling 译为"调度"[3]。2003 年唐国春等[4] 提出"排序"与"调度"作为 scheduling 的中文译名都只是描述 scheduling 的一个侧面。中国台湾的学术界把 scheduling 翻译成"排程"。2010 在唐国春提出把 scheduling 翻译成"排序与调度"[5]。本研究按照文献[4]的译法。

1974 年 Baker 给出定义:"排序是按时分配资源去执行一组任务"[6],即 scheduling 是为完成若干项任务(jobs)而对资源(指包括机器在内的各种资源)按时间进行分配。接着 Baker 指出:"排序是一个决策函数"。2018 年 Pinedo 提出几乎相同的定义:"排序处理的是在一段时间内将稀缺资源分配给任务的问题,是以优化一个或者多个目标函数为目标的决策过程[7]。"因而按时间分配"任务和资源"就是 scheduling 最本质的特征。

由于排序领域内许多早期的研究工作是在制造业推动下发展起来的,所以在描述排序问题时很自然会使用制造业的术语。尽管现在排序问题在许多非制造业已取得了很多相当有意义的成果,但是制造业的术语仍然在使用。因而往往把资源(resources)称为机器(machines),把任务(tasks)称为工件(jobs)。有时工件可能是由几个先后次序约束相互联系着的基本任务(elementary tasks)所组成。这种基本任务称为工序(operations)。排序中的"机器"和"工件"已经不是机器制造业中的"机床"和"机床加工的零件",而是"机床"和"零件"关系的抽象概念。排序中的机器可以是数控机床、计算机 CPU、医院的病床或者医生、消防设备和机场跑道等,工件可以是零件、计算机终端、病人、森林起火点和降落的飞机等。因此排序问题中,工件是被加工的对象,是要完成的任务;机器是提供加工的对象,是完成任务所需要的资源。排序是指在一定的约束条件下对工件和机器按时间进行分配和安排次序,使某一个或某一些目标达到最优,是安排时间表的简称,这里工件和机器可以代表极其广泛的实际对象。

排序理论所用的理论和方法来自于数学的不同学科,理解和学习排序理论需要一定的数学背景。排序问题(scheduling problem)是运筹学领域组合优化中的一个重要分支。其所研究的问题是将稀缺资源分配给在一定时间内的不同工件或者任务,它是一个决策过程,其目的是优化一个或多个目标函数,最优地完成一批给定的工件或者任务。在执行这些工件或者任务时需要满足某些限制条件,如工件或任务的到达时间、工件或任务完工的限定时间、工件或任务的加工顺序、资源对加工的影响等。最优地完成是指使目标函数最小,而目标函数通常是对加工时间长短、机器利用率高低的描述。题为《美国国防部与数学科学研究》的报告认为,20 世纪 90 年代和整个 21 世纪数学发展的重点是将连续的对象转化为离散的对象,并且组合最优化将会有很大的发展,因为"在这个领域存在着大量急需解决而又极端困难的问题,其中包括如何对各部件进行分离、布线和布局"[8]。这里"分离、布线和布局"与排序有关,英语用词为 scheduling。

2.1 排序的记号与术语

在本节将介绍排序问题,在排序问题中,机器的数量和种类、工件的顺序、到达时间、完工限制、资源的种类和性能是错综复杂的,很难用精确的数学描述给出一般排序问题的定义。根据 1993 年 Lawler 等[9]的观点,经典排序问题有四个基本假设:资源类型、确定性、可运算性以及单目标和正则性。排序问题按静态(static)和动态(dynamic)、确定性(deterministic)和非确定性(non-deterministic)可分为四大类。下面介绍静态确定性排序问题的有关知识,这是了解和研究工件加工时间非常数的排序问题的基础。通常用下面的方式描述排序问题:

给定 n 个工件的工件集 $J=\{J_1,J_2,\cdots,J_n\}$,m 台机器的机器集 $M=\{M_1,M_2,\cdots,M_m\}$,s 种资源的资源集 $R=\{R_1,R_2,\cdots,R_s\}$。排序问题指在一定条件下为了完成各项工作,把 M 中的机器和 R 中的资源分配给 J 中的工件,使得给定目标函数达到最优。

排序问题基本上由机器的数量、种类和环境,以及工件的性质和目标函数所组成。根据 1979 年 Graham 等[10]提出的排序问题的三参数表示法,本书仍然使用 $\alpha|\beta|\gamma$ 来表示一个排序问题。在这里 α 表示机器的数量、类型和环境;β 表示工件的特征和约束;γ 表示优化的目标。

α 域:机器的数量、类型和环境

只有一台机器的排序问题称为单机(single machine)排序问题,否则称为多机排序问题。

在多机排序问题中,如果所有的机器都具有相同的功能,则称为平行机 (parallel machines)。平行机按加工速度又分为三种类型:如果所有的机器都具有相同的速度,称为同型机 P (identical machines);如果机器的速度不同,但每台机器的速度都是常数,不依赖被加工的工件,则称为同类机 Q (uniform machines);如果机器的加工速度依赖于被加工的工件,则称为非同类机 R (unrelated machines)。

如果每个工件都需要在各个机器上加工,且各个工件在机器上的加工顺序相同,则称为流水作业 F(flow shop)。如果每个工件都需要在各个机器上加工,且各个工件有自己的加工顺序,则称为异序作业 J(job shop)。如果每个工件都需要在各个机器上加工,且各个工件的加工顺序任意,则称为自由作业 O (open shop)。

β 域:工件或者任务、作业的性质,加工要求和限制,资源的种类、数量和对加工的影响等约束条件

(1) 工时向量　又称为加工时间向量。工件的加工时间向量是

$$\boldsymbol{p}_j = (p_{1j}, p_{2j}, \cdots, p_{mj}),$$

其中 p_{ij} 是工件 J_j 在机器 M_i 上所需要的加工时间。在单台机器上,工件 J_j 在机器上的加工所需的时间,通常用 p_j 表示。对于同型机有 $p_{ij} = p_j$, $i = 1$, $2, \cdots, m$。在流水作业的排序中,工件 J_j 的加工时间向量是

$$\boldsymbol{p}_j = (p_{1j}, p_{2j}, \cdots, p_{mj}),$$

其中 p_{ij} 是工序 O_{ij} 在对应机器上的加工时间。

(2) 到达时间(release time)　又称准备时间(ready time),是工件 J_j 可以开始加工的时间,用 r_j 表示。如果所有的工件的到达时间相同,则 $r_j = 0$, $j = 1, 2, \cdots, n$。

(3) 工件的位置(position)　是指工件在序列中加工时所处的位置,用 r 表示。

(4) 工期(due date)　也称交货期,是对工件 J_j 限定的完工时间,用 d_j 表示。如果不按时完工,应受到一定的惩罚。如果所有工件的工期均相同,则称为公共工期 d(common due date)。绝对不允许延迟的工期称为截止工期 $\overline{d}_j$ (deadline)。

(5) 权重(weight)　也称为优先因子,表示工件相对于其他工件的重要程度。工件 J_j 的权重用 w_j 表示。

(6) 安装时间(setup time)　表示工件加工之前对于机器或者工件进行安装所需的时间。工件 J_j 的安装时间用 s_j 表示。

γ 域：目标函数

对于给定的一个排序 $\boldsymbol{\pi}$，用

$$C(\boldsymbol{\pi}) = (C_1(\boldsymbol{\pi}), C_2(\boldsymbol{\pi}), \cdots, C_n(\boldsymbol{\pi}))$$

表示工件的完工时间，其中 $C_j(\boldsymbol{\pi})$ 表示工件 J_j 的完工时间。最小化的目标函数是完工时间 $C_j(\boldsymbol{\pi})$ 的函数。主要有下面几种。

（1）**最大完工时间**（makespan）　也称时间表长，定义为

$$C_{\max}(\boldsymbol{\pi}) = \max\{C_j(\boldsymbol{\pi}) \mid j = 1, 2, \cdots, n\},$$

它等于最后一个被加工工件的完工时间。很显然越小的时间表长（最大完工时间）说明机器的利用率越高。

（2）**最大费用函数**（maximum cost function）　是 $f_{\max} = \max\{f(C_j) \mid j = 1, 2, \cdots, n\}$，很显然最大完工时间是最大费用函数的一个特例。

（3）**加权完工时间和**（weighted sum of completion time）　是 $\sum w_j C_j(\boldsymbol{\pi}) = \sum_{j=1}^{n} w_j C_j(\boldsymbol{\pi})$；当加权相同时，加权完工时间和化为总完工时间和（sum of completion time）$\sum C_j(\boldsymbol{\pi}) = \sum_{j=1}^{n} C_j(\boldsymbol{\pi})$。

（4）**最大延迟**（maximum lateness）　定义为 $L_{\max}(\boldsymbol{\pi}) = \max_{J_j \in J}\{L_j(\boldsymbol{\pi}) \mid j = 1, 2, \cdots, n\}$，其中 $L_j(\boldsymbol{\pi}) = C_j(\boldsymbol{\pi}) - d_j$ 是工件 J_j 的延迟时间。

（5）**延误**（tardiness）　工件 J_j 的延误定义为 $T_j(\boldsymbol{\pi}) = \max\{L_j(\boldsymbol{\pi}), 0\}$。加权延误和（total weighted tardiness）定义为 $\sum w_j T_j(\boldsymbol{\pi})$。

（6）**提前**（earliness）　工件 J_j 的提前定义为 $E_j(\boldsymbol{\pi}) = \max\{-L_j(\boldsymbol{\pi}), 0\}$。总提前和（total earliness）定义为 $\sum E_j(\boldsymbol{\pi})$。

（7）**误工工件个数**（the number of tardy jobs）　工件 J_j 的误工工件个数定义为 $U_j(\boldsymbol{\pi})$，

$$U_j(\boldsymbol{\pi}) = \begin{cases} 0, & C_j(\boldsymbol{\pi}) \leqslant d_j, \\ 1, & C_j(\boldsymbol{\pi}) > d_j。 \end{cases}$$

（8）**完工时间的总绝对差**（the total absolute differences in completion times）　定义为 $\mathrm{TADC} = \sum_{i=1}^{n} \sum_{j=1}^{n} \mid C_i(\boldsymbol{\pi}) - C_j(\boldsymbol{\pi}) \mid$。

（9）**加权折扣完工时间和**（discounted total weighted completion time）　定义为 $\sum w_j(1 - \mathrm{e}^{-rC_j(\boldsymbol{\pi})})$，其中 $0 < r < 1$。

随后的例子将解释这些记号：

例 2.1　$1 \mid r_j \mid \sum w_j C_j$，表示一个单机排序问题，工件具有不同的到达时间，最小化的目标函数为加权总完工时间和。

例 2.2　$Fm \mid p_{ij} = p_j \mid \sum C_j$ 表示一个由 m 台机器组成的流水作业排序问题，每个工件的所有工序的加工时间均相等，最小化的目标函数为总完工时间和。

几个常用的排序规则：

（1）**SPT 规则**（**Shortest processing time**）　工件按照加工时间非减顺序排列，也称 SPT 序。

（2）**WSPT 规则**（**Weighted shortest processing time**）　工件按照加工时间和权重的比值非减顺序排列，也称 WSPT 序。

（3）**EDD 规则**（**earliest due date**）　工件按照工期的非减顺序排列，也称 EDD 序。

正则目标函数　令 $C = \{C_1, C_2, \cdots, C_n\}$ 是完工时间集合，$\varphi: C \rightarrow R$ 的一个映射。如果对于任意的完工时间集合 $C' = \{C'_1, C'_2, \cdots, C'_n\}$，有 $C'_k \geqslant C_k \Leftrightarrow \varphi(C'_k) \geqslant \varphi(C_k)$，其中 $1 \leqslant k \leqslant n$，则 φ 是正则的。换句话说，φ 是一个正则函数当且仅当它是关于工件完工时间的非减函数。

2.2　算法和复杂性

算法就是计算的方法的简称，它要求使用一组定义明确的规则在有限的步骤内求解某一问题。在计算机上，就是运用计算机解题的步骤或过程。在这个过程中，无论是形成解题思路还是编写程序，都是在实施某种算法。前者是推理的算法，后者是操作的算法[11]。

对算法的分析，最基本的是对算法的复杂性进行分析，包括时间上的复杂性和空间上的复杂性。时间复杂性是指计算所需的步骤数或指令条数；空间复杂性是指计算所需的存储单元数量。在实际应用中，人们更关注的是算法的时间复杂性。

算法的时间复杂性可以用问题实例的规模来表示，也就是该实例所需要输入数据的总量，记为 n。一般在排序问题中，n 表示所要加工的总工件数。算法的时间度量记为 $T(n) = O(f(n))$，表示随着问题规模 n 的增大，算法执行时间的增长率和 $f(n)$ 的增长率相同，称为算法的渐进时间复杂性，简称时间复杂性。由于同一算法求解同一问题的不同实例所需要的时间一般不相同，一个问题各种可能的实例中运算最慢的一种情况称为最"坏"情况或最"差"情况，一个算法在最"坏"情况下的时间复杂性被称为该算法的最"坏"时间复杂性。一般情况下,时间复杂性都是指最"坏"情况下的时间复杂性。

(1) 多项式时间算法[12]   一个算法的运行时间是该问题输入数据长度的一个多项式。换句话说多项式时间就是存在一个多项式 f,使得对于任意的实例 I,算法的执行操作迭代次数不超过 $f(|I|)$。

(2) 伪多项式时间算法[12]   一个算法的运行时间是该问题输入数据长度和最大数据的一个多项式。

由于算法的时间复杂性考虑的只是对于问题规模 n 的增长率,所以在难以精确计算基本操作次数的情况下,只需求出它关于 n 的增长率或阶即可。随问题规模的增大,不同的 $f(n)$ 会对 $T(n)$ 产生截然不同的效果。

算法理论首先研究一类基本的问题,称为判定性问题,它表述为一个问句,要求回答是或否。一个优化问题对应的判定性问题,是指其目标函数值是否超过某个门槛值。最优化问题有三种提法:最优化形式、计值形式和判定形式。当讨论最优化问题的难易程度时,一般按其判定形式的复杂性对问题进行分类。一个最优化问题的判定形式可以描述为:给定任意一个最优化问题

$$\min_{x \in X} f(x) \tag{2.1}$$

是否存在可行解 x_0,使得 $f(x_0 \leqslant L)$,其中 X 是可行解集,L 为整数。

设 A_1 和 A_2 都是判定问题,说 A_1 在多项式时间内归结为 A_2,当且仅当 A_1 存在一个多项式时间的算法 α_1,并且 α_1 多次地以单位费用把 A_2 的(假想)算法 α_2 用作子程序的算法。把 α_1 叫作 A_1 到 A_2 的多项式时间归结[12]。

如果所有其他的 NP 类中的问题都能多项式时间归结到 A,则判定问题 $A \in$ NP 称为是 NP 完备(NP-complete)的。NP 完备问题是 NP 类中"最难的"问题,一般认为不存在多项式时间算法。如整数线性规划问题和团问题都是 NP 完备的。对于最优化问题来说,当证明了所有其他的 NP 类中的问题都可以多项式时间归结到 A,而没有验证 $A \in$ NP 时,称 A 是 NP 难(NP-hard)的。目前所有"困难"问题,都是指 NP 完全问题(对于判定问题)或者 NP 难问题(对于非判定问题)。在有的文献中,NP 完备和 NP 难的概念混用,不做严格区分。

常用的 NP 难的问题:

(1) 划分问题   给定正整数 $a_1, a_2, \cdots, a_n$,是否存在一个子集 $S \subseteq N = \{1, 2, \cdots, n\}$,使得 $\sum_{i \in S} a_i = \sum_{i \notin S} a_i$。

(2) 背包问题   给定非负整数 $a_1, a_2, \cdots, a_n, c_1, c_2, \cdots, c_n, b, w$,是否存在一个子集 $S \subseteq N = \{1, 2, \cdots, n\}$,使得 $\sum_{i \in S} a_i \leqslant b, \sum_{i \in S} c_i \geqslant w$。

强 NP 难的问题：

（3）3 划分问题　给定 $3m$ 个正整数 $a_1, a_2, \cdots, a_{3m}, B$，且 $\sum\limits_{j=1}^{3m} a_j = 3B$，$\dfrac{B}{4} < a_j < \dfrac{B}{2}(j=1,2,\cdots,3m)$，是否存在 m 个不交的子集 $S_1, S_2, \cdots, S_m$，且 $|S_1| = |S_2| = \cdots = |S_m| = 3$，使得 $\sum\limits_{j \in S_i} a_j = B$。

近似算法的性能比：对于 NP 难的问题，最小化目标函数的最优值为精确值，近似算法的目标函数值为近似值。对于一个求最小值的组合优化问题 X 的实例 I，其最优值为 $OPT(I)$。假定问题具有非负权重，因为 $OPT(I) \geqslant 0$。

定义 2.1　问题 X 的一个近似算法 A，是指它是多项式时间算法，即对于实例 I，其运行时间是 $|A|$ 的多项式。对于实例 I，其目标函数值记为 $A(I)$。若存在 $k \geqslant 1$，使得

$$A(I) \leqslant kOPT(I)$$

对于 X 所有的实例 I 成立，则称算法 A 是问题 X 的 k 近似算法，并称 k 是算法 A 的性能比。

关于定义的几点说明：

（1）$A(I) - OPT(I)$ 称为绝对误差，$\dfrac{A(I) - OPT(I)}{OPT(I)}$ 称为相对误差，即近似值的相对误差不超过精度 $\varepsilon = k - 1 \geqslant 0$，$\dfrac{A(I) - OPT(I)}{OPT(I)} \leqslant \varepsilon$。

（2）对于给定的近似算法 A，性能比的界 k 称为紧的，是指存在一个实例 I 使得 $A(I) \leqslant kOPT(I)$ 的等号成立。另外于给定的问题 X，如果不存在其他算法 B，使得它的性能比 k' 小于算法 A 的性能比 k，则近似算法 A 称为最好可能的。

定义 2.2　对于最小化问题 X，一个算法族 $\{A_\varepsilon\}$ 称为多项式时间逼近方案（Polynomial-time approximation scheme，PTAS）是指对于任意给定的 $\varepsilon \geqslant 0$，A_ε 是问题 X 的 $1+\varepsilon$ 近似算法，且当 ε 为常数时，A_ε 的运行时间是实例规模 $|I|$ 的多项式 $p_\varepsilon(|I|)$。

定义 2.3　对于最小化问题 X，一个算法族 $\{A_\varepsilon\}$ 称为全多项式时间逼近方案（Fully polynomial-time approximation scheme，FPTAS）是指对于一个多项式时间逼近方案 $\{A_\varepsilon\}$，其中每个算法 A_ε 的运行时间为实例规模 $|I|$ 以及 $\dfrac{1}{\varepsilon}$ 的多项式 $p_\varepsilon\left(|I|, \dfrac{1}{\varepsilon}\right)$。

对于 FPTAS 而言,相对精度 ε 的减少导致的增长因子 $\frac{1}{\varepsilon}$ 的变化只体现在运算时间多项式的系数或者常数项里,因为运算时间是多项式的增长。而对于 PTAS,增长因子 $\frac{1}{\varepsilon}$ 的变化可能会体现在运算时间的多项式的阶数中,因而运算时间可能是指数增长。例如时间界 $O(n^{\frac{1}{\varepsilon}})$ 是多项式,这种算法族属于 PTAS;算法的时间界 $O\left(\dfrac{n^3}{\varepsilon^2}\right)$,这种算法族属于 FPTAS,很显然 FPTAS 比 PTAS 具有更好的逼近效果,即达到一定的精度,算法的运行时间更小。

2.3　局部置换法

作为一个 n 阶段决策过程,一般排序问题的目标函数应为各个阶段的费用(效益)的"总和",即具有形式
$$f(\boldsymbol{\pi}) = v_1(\boldsymbol{\pi}) \oplus v_2(\boldsymbol{\pi}) \oplus \cdots \oplus v_n(\boldsymbol{\pi}),$$
其中 $v_j(\boldsymbol{\pi})$ 是第 j 阶段的费用,$\oplus$ 为实数集上的某种运算。例如目标函数为加权完工时间问题 $\sum w_j C_j$ 第 j 阶段的费用为 $w_j C_j$,算法 $\oplus$ 表示为普通加法;最大延迟问题 $L_{\max}$ 第 j 阶段的费用 $L_j = C_j - d_j$,算法 $\oplus$ 表示取最大值。

当着手一个排序问题时,往往希望通过变换工件的次序来了解其特性。比如:从排序 $\boldsymbol{\pi} = (\pi(1), \pi(2), \cdots, \pi(n))$ 变为排列 $\boldsymbol{\pi}' = (\pi'(1), \pi'(2), \cdots, \pi'(n))$。设变动指标集 $I = \{\pi(i) \mid \pi(i) \neq \pi'(i)\}$,和不变指标集 $\bar{I} = \{\pi(i) \mid \pi(i) = \pi'(i)\}$,很显然有 $\bar{I} = N \backslash I$,接着有 $f(\boldsymbol{\pi}') = \sum\limits_{j \in I} v_j(\boldsymbol{\pi}') \leqslant \sum\limits_{j \in \bar{I}} v_j(\boldsymbol{\pi}) = f(\boldsymbol{\pi})$。

2.3.1　加权完工时间问题

设 n 个工件 $J_1, J_2, \cdots, J_n$ 在一台机器上加工,工件 J_j 的加工时间和工期分别为 p_j 和 d_j,目标函数为加权完工时间和 $\sum w_j C_j$。对于工件序列 $\boldsymbol{\pi} = (\pi(1), \pi(2), \cdots, \pi(n))$,有 $\sum w_j C_j = \sum w_{\pi(i)} C_{\pi(i)}$。为了推导最优排列的条件,采用第 i 个位置和第 $i+1$ 个位置对换。也就是说变动指标集为 $I = \{i, i+1\}$,不变指标集由其余的工件组成。如果序列 $\boldsymbol{\pi}$ 是最优的,则交换后的序列 $\boldsymbol{\pi}' = (1, 2, \cdots, i+1, i, \cdots, n)$ 的变动指标集的工件对于目标函数的影响不超过序列 $\boldsymbol{\pi}$,因此有
$$w_i(C_{i-1} + p_i) + w_{i+1}(C_{i-1} + p_i + p_{i+1})$$
$$\leqslant w_{i+1}(C_{i-1} + p_{i+1}) + w_i(C_{i-1} + p_{i+1} + p_i),$$

即 $w_{i+1}p_i \leqslant w_i p_{i+1}$，或者是 $\dfrac{p_i}{w_i} \leqslant \dfrac{p_{i+1}}{w_{i+1}}$。经过一系列对换之后，可以得到 $\boldsymbol{\pi} = (\pi(1), \pi(2), \cdots, \pi(n))$ 的最优性条件为

$$\frac{p_{\pi(1)}}{w_{\pi(1)}} \leqslant \frac{p_{\pi(2)}}{w_{\pi(2)}} \leqslant \cdots \leqslant \frac{p_{\pi(n)}}{w_{\pi(n)}},$$

也就是 WSPT 序（Weighted shortest processing time）。

2.3.2　最大延迟问题

设 n 个工件 $J_1, J_2, \cdots, J_n$ 在一台机器上加工，工件 J_j 的加工时间和权重分别为 p_j 和 w_j，目标函数为最大延迟 $L_{\max} = \max\limits_{1 \leqslant j \leqslant n} \{C_i - d_i\}$。对于工件序列 $\boldsymbol{\pi} = (\pi(1), \pi(2), \cdots, \pi(n))$，有 $L_{\max} = \max\limits_{1 \leqslant j \leqslant n} \{C_{\pi(i)} - d_{\pi(i)}\}$。为了推导最优排列的条件，采用第 i 个位置和第 $i+1$ 个位置对换。也就是说变动指标集为 $I = \{i, i+1\}$，不变指标集由其余的工件组成。如果序列 $\boldsymbol{\pi}$ 是最优的，则交换后的序列 $\boldsymbol{\pi}' = (1, 2, \cdots, i+1, i, \cdots, n)$ 的变动指标集的工件对于目标函数的影响不超过序列 $\boldsymbol{\pi}$，因此有

$$\max_{1 \leqslant j \leqslant n} \{C_{\pi(i)} - d_{\pi(i)}\} \leqslant \max_{1 \leqslant j \leqslant n} \{C_{\pi'(i)} - d_{\pi'(i)}\},$$

即

$$\max\{C_{i-1} + p_i - d_i, C_{i-1} + p_i + p_{i+1} - d_{i+1}\}$$
$$\leqslant \max\{C_{i-1} + p_j - d_j, C_{i-1} + p_{i+1} + p_i - d_i\}。$$

整理后可得 $d_i \leqslant d_{i+1}$。经过一系列对换之后，可以得到 $\boldsymbol{\pi} = (\pi(1), \pi(2), \cdots, \pi(n))$ 的最优性条件为 $d_{\pi(1)} \leqslant d_{\pi(2)} \leqslant \cdots \leqslant d_{\pi(n)}$，也就是 EDD 序（Earliest due date）。

2.3.3　带有到达时间的情形

设 n 个工件 $J_1, J_2, \cdots, J_n$ 在一台机器上加工，工件 J_j 的加工时间和到达时间分别为 p_j 和 r_j，目标函数为时间表长 $C_{\max}$。对于工件序列 $\boldsymbol{\pi} = (\pi(1), \pi(2), \cdots, \pi(n))$，工件 $J_{\pi(i)}$ 的完工时间为

$$C_{\pi(i)} = \begin{cases} \max\{C_{\pi(i-1)}, r_{\pi(i)}\} + p_{\pi(i)}, & i > 1, \\ r_{\pi(1)} + p_{\pi(1)}, & i = 1。 \end{cases}$$

为了推导最优排列的条件，采用第 i 个位置和第 $i+1$ 个位置对换。也就是说变动指标集为 $I = \{i, i+1\}$，不变指标集由其余的工件组成。如果序列 $\boldsymbol{\pi}$ 是最优的，则交换后的序列 $\boldsymbol{\pi}' = (1, 2, \cdots, i+1, i, \cdots, n)$ 的变动指标集的工件对于目标函数的影响不超过序列 $\boldsymbol{\pi}$，因此有

$$\max\{\max\{C_{i-1}, r_i\} + p_i, r_{i+1}\} + p_{i+1}$$
$$\leqslant \max\{\max\{C_{i-1}, r_{i+1}\} + p_{i+1}, r_i\} + p_i,$$

即 $r_i \leqslant r_{i+1}$。经过一系列对换之后，可以得到 $\boldsymbol{\pi} = (\pi(1), \pi(2), \cdots, \pi(n))$ 的最优性条件为 $r_{\pi(1)} \leqslant r_{\pi(2)} \leqslant \cdots \leqslant r_{\pi(n)}$，也就是 SRT 序（Earliest release time）。

2.3.4　总误工时间问题

单机情况下的总误工时间问题 $1 \parallel \sum T_j$，该问题的 NP 难在 1990 年被 Du 和 Leung 证明。接下来给出该问题的复杂性证明、最优性质刻画，以及一个伪多项式动态规划算法。

问题描述如下：设 n 个工件在一台机器上加工，工件 J_j 的加工时间和工期分别为 p_j 和 d_j，目标函数为总误工

$$f(\boldsymbol{\pi}) = \sum_{i=1}^{n} T_i = \sum_{i=1}^{n} \max\{C_{\pi(i)} - d_i, 0\},$$

其中 $\pi(1), \pi(2), \cdots, \pi(n) \in \{1, 2, \cdots, n\}$ 是工件序列。

（1）奇偶划分问题　给定 $2m$ 个正整数 $b_1, b_2, \cdots, b_{2m}$，其中 $b_1 > b_2 > \cdots > b_{2m}$，$\sum\limits_{i=1}^{2m} b_i = 2B$，是否存在指标集 $\{1, 2, \cdots, 2m\}$ 的划分 (S_1, S_2)，使得 $S_1(S_2)$ 恰含有 $\{2i-1, 2i\}$ 中一个元素，且满足 $\sum\limits_{i \in S_1} b_i = \sum\limits_{i \in S_2} b_i = B$？

（2）修订的奇偶划分问题　给定 $2m$ 个正整数 $b_1, b_2, \cdots, b_{2m}$，其中 $b_1 > b_2 > \cdots > b_{2m}$，$\sum\limits_{i=1}^{2m} b_i = 2B$，且 $a_{2i} > a_{2i+1} + \delta (1 \leqslant i \leqslant m)$，$a_{2m} > 5m(a_1 - a_{2m})$，

其中 $\delta = \dfrac{\sum\limits_{i=1}^{m} (a_{2i-1} - a_{2i})}{2}$，是否存在指标集 $\{1, 2, \cdots, 2m\}$ 的划分 (S_1, S_2)，使得 $S_1(S_2)$ 恰含有 $\{2i-1, 2i\}$ 中一个元素，且满足 $\sum\limits_{i \in S_1} b_i = \sum\limits_{i \in S_2} b_i = B$？

由于奇偶划分问题和修订的奇偶划分问题均是 NP 完全问题，可以通过构造总误工问题的一个实例多项式归结为修订的奇偶划分问题，证明 NP 难性。

总误工问题的实例构造如下：设有 $n = 3m+1$ 工件，其中 $2m$ 个基本工件 $J_1, J_2, \cdots, J_{2m}$，其加工时间和工期分别为

$$p_j = b_j, \quad 1 \leqslant j \leqslant 2m$$

和

$$d_j = \begin{cases} (i-1)b + \delta + b_2 + b_4 + \cdots + b_{2i}, & j = 2i-1, \\ d_{2i-1} + 2(m-i+1)(a_{2i-1} - a_{2i}), & j = 2i, \end{cases}$$

其余的 $m+1$ 工件是 $J_1^0, J_2^0, \cdots, J_m^0$，其加工时间和工期分别为

$$p_j^0 = b, \quad 1 \leqslant j \leqslant m+1$$

和

$$d_j^0 = \begin{cases} ib + b_2 + b_4 + \cdots + b_{2i}, & 1 \leqslant j \leqslant m, \\ d_m^0 + \delta + b, & j = m+1, \end{cases}$$

门槛值为 $L = A + m(2A + (m+1)b) - \dfrac{m(m-1)b}{2} - m\delta - \sum\limits_{j=1}^{m}(m-i+1)(a_{2i} + a_{2i})$。

正则排列如下：首先使 $J_1 = \{J_1^1, J_2^1, \cdots, J_m^1\}$ 与限制工件 $J_1^0, J_2^0, \cdots, J_m^0$ 交错排列，其中工件 J_1^1 排在前面，接着是工件 J_{m+1}^0，最后是 $J_2 = \{J_1^2, J_2^2, \cdots, J_m^2\}$ 中的工件按照逆序排列，这里的 $\{J_i^1, J_i^2\} \in \{J_{2i-1}, J_{2i}\}$，$1 \leqslant i \leqslant m$。

假设工件集合已经按照 EDD 序进行排列，即 $d_1 \leqslant d_2 \leqslant \cdots \leqslant d_n$，接下来给出最优性结构。

引理 2.1　若 $p_i \leqslant p_j$ 且 $d_i \leqslant d_j$，则存在一个最优序列满足工件 J_i 排在工件 J_j 之前进行加工。

证明：利用二交换方法可以证明，这里省略。

引理 2.2　设 n 个工件组成的工件集合 $J_1, J_2, \cdots, J_n$，工期分别为 $d_1, d_2, \cdots, d_n$。若存在一个最优序列 $\boldsymbol{\sigma}$，将工件 J_k 的工期修改新的工期 $d_k' = \max\{d_k, C_k(\boldsymbol{\sigma})\}$，得到工期序列 $d_1, d_2, \cdots, d_{k-1}, \max\{d_k, C_k(\boldsymbol{\sigma})\}, d_{k+1} \cdots, d_n$，得到的最优序列为 $\boldsymbol{\sigma}'$，则序列 $\boldsymbol{\sigma}$ 与序列 $\boldsymbol{\sigma}'$ 具有相同工件顺序。

证明：考虑序列 $\boldsymbol{\sigma}$ 与序列 $\boldsymbol{\sigma}'$ 在同一个加工序列下对应的总误工之间的关系，注意到只有工件 J_k 的工期发生了变化，所有工件的完工时间不变，则有

$$\sum T_j(\boldsymbol{\sigma})$$

$$= \sum_{j \neq k} T_j(\boldsymbol{\sigma}) + T_k(\boldsymbol{\sigma}) = \sum_{j \neq k} T_j(\boldsymbol{\sigma}) + \max\{0, C_k(\boldsymbol{\sigma}) - d_k\}$$

$$= \sum_{j \neq k} T_j'(\boldsymbol{\sigma}) + T_k'(\sigma) - T_k'(\boldsymbol{\sigma}) + \max\{0, C_k(\boldsymbol{\sigma}) - d_k\}$$

$$= \sum_{j=1}^{n} T_j'(\boldsymbol{\sigma}) - \max\{0, C_k(\boldsymbol{\sigma})\} - \max\{d_k, C_k(\boldsymbol{\sigma})\} + \max\{0, C_k(\boldsymbol{\sigma}) - d_k\}.$$

如果 $d_k < C_k(\boldsymbol{\sigma})$，则 $\sum T_j(\boldsymbol{\sigma}) = \sum\limits_{j=1}^{n} T_j'(\boldsymbol{\sigma}) + C_k(\boldsymbol{\sigma}) - d_k$，否则 $\sum T_j(\boldsymbol{\sigma}) = \sum\limits_{j=1}^{n} T_j'(\boldsymbol{\sigma})$。

类似地，

$$\sum T_j(\boldsymbol{\sigma}')$$

$$= \sum_{j=1}^{n} T_j'(\boldsymbol{\sigma}') - \max\{0, C_k(\boldsymbol{\sigma}')\} - \max\{d_k, C_k(\boldsymbol{\sigma})\} + \max\{0, C_k(\boldsymbol{\sigma}') - d_k\}.$$

如果 $d_k < C_k(\boldsymbol{\sigma})$，且 $C_k(\boldsymbol{\sigma}') < C_k(\boldsymbol{\sigma})$，则 $\sum T_j(\boldsymbol{\sigma}) = \sum_{j=1}^{n} T'_j(\boldsymbol{\sigma}) + \max\{0,$

$C_k(\boldsymbol{\sigma}) - d_k\}$；如果 $d_k < C_k(\boldsymbol{\sigma}) \leqslant C_k(\boldsymbol{\sigma}')$，则 $\sum T_j(\boldsymbol{\sigma}) = \sum_{j=1}^{n} T'_j(\boldsymbol{\sigma}) + C_k(\boldsymbol{\sigma}) -$

d_k；如果 $d_k \geqslant C_k(\boldsymbol{\sigma})$，则 $\sum T_j(\boldsymbol{\sigma}) = \sum_{j=1}^{n} T'_j(\boldsymbol{\sigma})$。

综上所述，$\sum T_j(\boldsymbol{\sigma}) - \sum T'_j(\boldsymbol{\sigma}) \geqslant \sum T'_j(\boldsymbol{\sigma}') - \sum T'_j(\boldsymbol{\sigma}')$。

引理 2.3 存在一个最优序列，使得非误工的工件按照 EDD 规则排列。

证明： 假设不成立，则不妨令 $\boldsymbol{\sigma}$ 表示一个最优序列，非误工的工件 J_i 排在工件 J_j 之前，但是 $d_i \geqslant d_j$。把工件 J_i 安排到工件 J_j 之后加工，工件 J_i 和工件 J_j 之间的工件前移一位，其余工件的位置不动，得到新的序列 $\boldsymbol{\sigma}'$，则对于任何工件 J_h 都有 $C_h(\boldsymbol{\sigma}') \leqslant C_h(\boldsymbol{\sigma})$。

注意到 $d_i \geqslant d_j$，则在序列 $\boldsymbol{\sigma}'$ 中，工件 J_i 仍然是不误工的。

定理 2.1 对于问题 $1 \| \sum T_j$，存在一个最优序列，其中工件 $J_1, J_2, \cdots,$ $J_{k-1}, J_{k+1}, \cdots, J_l$ 在工件 J_k 之前，工件 $J_{l+1}, J_{l+2}, \cdots, J_n$ 在工件 J_k 之后，这里 $l \geqslant k$。

证明： 对于最优的工件序列 $\boldsymbol{\sigma}$，满足 $d_1 \leqslant d_2 \leqslant \cdots \leqslant d_n$。令 $p_k = \max\{p_j \mid j = 1, 2, \cdots, n\}$，则修订工件的工期为 $d'_k = \max\{d_k, C_k(\boldsymbol{\sigma})\}$，$d'_j = d_j (j \neq k)$。工件序列 $\boldsymbol{\sigma}'$ 是按照修订工期获得的最优序列。因此有 $C_k(\boldsymbol{\sigma}') \leqslant C_k(\boldsymbol{\sigma}) \leqslant \max\{d_k, C_k(\boldsymbol{\sigma})\} \leqslant d'_k$，所以工件 J_k 在序列 $\boldsymbol{\sigma}'$ 中是按时完工的。

注意，满足 $d_j \geqslant d'_k$ 的工件 J_j 不能在工件 J_k 之前加工，否则工件 J_j 也是提前完工的，且工件 J_j 排在工件 J_k 之前加工，这与引理 2.1～2.3 矛盾。如果 $p_i \leqslant p_j$ 且 $d_i \leqslant d_j$，则工件 J_i 排在工件 J_j 之前进行加工。令 $l = \arg\max_j\{d_j \leqslant d'_k\}$，则存在一个最优序列 $\boldsymbol{\sigma}$，满足工件 $J_1, J_2, \cdots, J_{k-1}, J_{k+1}, \cdots, J_l$ 在工件 J_k 之前，工件 $J_{l+1}, J_{l+2}, \cdots, J_n$ 在工件 J_k 之后。

第3章 单机排序问题

3.1 单台机器排序问题 $1 \parallel \sum f_j(C_j)$

在排序领域内,动态规划往往选择向前递推和向后递推两种方式,首先介绍一个后向递推的方法。考虑问题 $1 \parallel \sum f_j(C_j)$,其中 $f_j(\cdot)$ 是一个非减函数。这是一个非常重要的排序问题,它可以组合成很多的目标函数。

令 J 表示 n 个工件组成的一个子集合,首先安排集合 J 的工件,且 $V(J) = \sum_{j \in J} f_j(C_j)$。动态规划设计如下:

初始条件:$V(\{j\}) = f_j(p_j), j = 1, 2, \cdots, n$;

递推方程:$V(J) = \min_{j \in J} \{V(J - \{j\}) + f_j(\sum_{k \in J} p_k)\}$;

最优值:$V(\{1, 2, \cdots, n\})$。

在递推方程中子集合最优序都可以被确定。对于任意的 l 个工件的子集合,存在 $\frac{n!}{l!(n-l)!}$ 种可能的子集合。对于 l,已经排的工件对于目标函数的贡献可以通过递推公式计算。接着考虑包含 $l+1$ 个工件的子集合,在递推方程中仅仅考虑 l 个工件的子集合对于目标函数的贡献。最后 $V(\{1, 2, \cdots, n\})$ 能够通过一个简单的回溯方法得到。因此总的递推次数为 $\sum_l \frac{n!}{l!(n-l)!} = O(2^n)$。

回溯动态规划算法如下:

首先考虑 $C_{\max}$,最后一个工件的加工时间,这个与工件的顺序无关;

J^c 表示未安排的工件集合,也就是说首先安排 J 中的工件,然后安排 J^c 的工件;

$V(J)$ 表示工件集 J^c 对于目标函数的最小贡献,也就是说安排完 J 中的工件后,完成所有剩余的工件的最小费用。

3.1.1 问题 $1 \parallel \sum T_j$ 的动态规划算法

接下来介绍 $1 \parallel \sum T_j$ 的一个伪多项式时间算法。工件集 $J(j, l, k)$ 表示对于工件 $J_j, J_{j+1}, \cdots, J_l$,工件 J_k 具有最大的加工时间,即 $p_k = \max\{p_j | j = k,$

$k+1,\cdots,l\}$。$V(J(j,l,k),t)$表示工件集$J(j,l,k)$中的工件在t时刻开始加工时的总误工。其动态规划算法设计如下。

总误工问题的动态规划算法：

初始条件

$$V(\varnothing,t)=0,$$
$$V(\{j\},t)=\max\{0,t+p_j-d_j\}.$$

递归方程

$$V(J(j,l,k),t)=\min_{\delta}\{V(J(j,k'+\delta,k'),t)+\max\{0,C_{k'}(\delta)-d_{k'}\}+$$
$$V(J(k'+\delta+1,l,k'),C_{k'}(\delta))\},$$

其中k'满足$p_{k'}=\max\{p_j|j\in J(j,l,k)\}$。

最优值函数

$$V(\{1,2,\cdots,n\},0).$$

由于总误工的值由$V(\{1,2,\cdots,n\},0)$确定,则时间复杂性分析如下：在任何时间点t,分析和讨论最多$O(n^3)$个工件集$J(j,l,k)$和$\sum p_j$,在递归过程中对于δ的分析不超过n次,则总的时间复杂性为$O(n^4\sum p_j)$。

用例子来说明总误工问题的动态规划算法的执行情况。

例 3.1 设在单台机器上存在5个工件,加工时间和工期如下表,求一个使总误工最小的排序。

工件	J_1	J_2	J_3	J_4	J_5
加工时间	3	2	8	4	2
工期	1	3	9	13	16

解：由于$p_3=\max\{p_j|j=1,2,3,4,5\}$,则$0\leqslant\delta\leqslant5-3=2$,根据递归方程,有

$$V(J(1,5,3),0)=\min_{\delta\in(0,2)}\{V(J(j,k'+\delta,k'),t)+\max\{0,C_{k'}(\delta)-d_{k'}\}+$$
$$V(J(k'+\delta+1,l,k'),C_{k'}(\delta))\}$$
$$=\min\{V(J(1,2,3),0)+\max\{0,13-9\}+$$
$$V(J(4,5,3),13),V(J(1,4,3),0)+\max\{0,17-9\}+$$
$$V(J(5,3),17),V(J(1,5,3),0)+\max\{0,19-9\}+V(\varphi,19)\},$$
$$V(J(1,2,3),0)=\max\{0,3-1\}+\max\{0,5-3\}=4,$$
$$V(J(4,5,3),13)=\max\{0,17-13\}+\max\{0,19-16\}=7,$$
$$V(J(1,4,3),0)=\max\{0,3-1\}+\max\{0,5-3\}+\max\{0,9-13\}=4,$$
$$V(J(5,3),17)=\max\{0,17-16\}=1,$$

$$V(J(1,5,3),0)=\max\{0,3-1\}+\max\{0,5-3\}+\max\{0,9-13\}+$$
$$\max\{0,11-16\}=4。$$

因此最优序列为 J_1,J_2,J_4,J_3,J_5，总误工为 13。

3.1.2　问题 $1\mid d_j=d\mid \sum w_j T_j$ 的动态规划算法

下面介绍一个具有特殊限制的问题 $1\mid d_j=d\mid \sum w_j T_j$ 的动态规划算法。设 n 个工件集合 $J_1,J_2,\cdots,J_n$，工件 J_j 的加工时间、工期和权重分别为 p_j，d_j,w_j，这里考虑特殊情形 $d_j=d$，也称为公共工期，即假定所有的参数均为整数。令 $P=\sum\limits_{j=1}^{n}p_j$。对于排列 $\boldsymbol{\pi}=(\pi(1),\pi(2),\cdots,\pi(n))$，目标函数为 $f(\boldsymbol{\pi})=\sum\limits_{j=1}^{n}w_{\pi(i)}T_{\pi(i)}$，该问题也称为具有公共工期的加权误工的单机排序问题。这个问题是 NP 难的。

如果 $d=0$，则该问题等价于 $1\parallel \sum w_j C_j$，其最优序为 WSPT 序。如果 $d>0$，误工工件构成的子序列仍然是按照 WSPT 序列为最优的。因此假定工件按照 WSPT 序列进行重新标号。

对于任意一个排序 $\boldsymbol{\pi}=(\pi(1),\pi(2),\cdots,\pi(n))$，总存在一个工件 J_k 恰在工期 d 之后完工，即

$$C_k-p_k<d<C_k。$$

称这个工件为临界工件，下面的算法将对所有可能的临界工件进行枚举。对于任意的工件 $J_k(1\leqslant k\leqslant n)$，以下步骤称为过程 k：

将工件 k 以外的工件按照 WSPT 序列进行排列，即对其余 m 个工件排列，$m=n-1$。

最优值函数 $f_j(t)$ 表示从 $\{j,j+1,\cdots,m\}$ 中选择工件安排在时间区间 $[t,P]$ 的最小费用，其中 $d+1\leqslant t\leqslant P,1\leqslant j\leqslant m$。

递推方程：

$$f_j(t)=\min\{f_{j+1}(t),f_{j+1}(t+p_j)+w_j(t+p_j-d)\}。$$

前一个式子表示工件 J_j 没有被选中作为临界工件，后一个式子表示工件 J_j 被选中作为临界工件。

初始条件：

$$f_j(t)=\begin{cases}0, & t=P,\\ \infty, & t\neq P,\end{cases} \text{且} f_j(t)=\infty,t>P。$$

对于 $j=m,m-1,\cdots,1$，依次可以求得 $f_j(t)(t=d+1,d+2,\cdots,P)$。

最后可以求得工件 J_k 为临界工件的最小费用

$$\min_{d+1\leqslant t\leqslant d+p_k}\{w_k(t-d)+f_1(t)\}。$$

最优的总权误工费用

$$\min_{1\leqslant k\leqslant n}\min_{d+1\leqslant t\leqslant d+p_k}\{w_k(t-d)+f_1(t)\}。$$

该算法的时间复杂性分析如下：算法共有 n 个过程，每个过程需要计算 n 个函数，每个函数的计算量为 $O(P-d)$，从而总的时间复杂性为 $O(n^2(P-d))$。因此该算法是一个伪多项式时间算法，问题 $1\mid d_j=d\mid\sum w_j T_j$ 是一个一般意义下的 NP 难问题。

3.1.3　工件有先后约束的单台机器排序问题 $1\mid\mathrm{prec}\mid\sum f_j$

在《现代排序论》一书中[4]论述过工件的先后关系或者称为先后约束。如果要求工件 J_j 完工后才能开始加工工件 J_k，那么称工件 J_j 是工件 J_k 的**前工件**（predecessor job），又称工件 J_k 是工件 J_j 的**后工件**（successor job），并称这两个工件之间存在**先后约束**。先后约束可以用有向图中的一条有向路来表示。用有向图中一个点代表一个工件。如果结点 j 到结点 k 存在一条有向路，就表示工件 J_j 和工件 J_k 之间存在先后约束，记为 $J_j\to J_k$。先后约束可以是工件加工工艺上的要求，也可以是搜索最优排序或搜索最优解过程中预排的结果。例如，Emmons[13]提出了一些非常有用的方法来确定在最优排序中存在的先后次序关系。

为此，先介绍图论中一些有关概念。

图 G 是由点的集合（称为**点集**）$V=\{v_1,v_2,\cdots,v_n\}$ 和点集 V 中两个不同的点 v_i 和 v_j 的一个（无序）对 $[v_i,v_j]$（称为**边**）的集合（称为**边集**）E 所组成，记为 $G=(V,E)$。如果把边集 E 记为 $\{e_1,e_2,\cdots,e_s\}$，那么边集 E 中的一条边 e_k 所对应的点集 V 中两个点 v_i 和 v_j 称为是边 e_k 的**结点**，并称边 e_k 与点 v_i 和 v_j 是**相关联**的，记为 $e_k=[v_i,v_j]$。如果对每条边 e_k 规定一个方向，即指定两个结点中的一个点为前结点（又称为始点），另一个点为后结点（又称为终点），那么边 e_k 称为是**有向边**，为了与（无向）边相区别记为 $e_k=(v_i,v_j)$。这时相应的图称为是**有向图**。如果有向图的点和边的一个序列 $\boldsymbol{P}=(v_{j_1},e_{j_1},v_{j_2},e_{j_2},\cdots,v_{j_k},e_{j_k},v_{j_{k+1}})$ 中点 $v_{j_1},v_{j_2},\cdots,v_{j_k},v_{j_{k+1}}$ 各不相同，而且边 $e_{j_t}=(v_{j_t},v_{j_{t+1}})$，$t=1,2,\cdots,k$，那么称 $\boldsymbol{P}$ 是一条（有向）**路**，并把 v_{j_1} 和 $v_{j_{k+1}}$ 称为路 P 的前结点（始点）和后结点（终点）。如果 $v_{j_1}=v_{j_{k+1}}$，那么称 $\boldsymbol{P}$ 是一个**回路**。对有向图中的两个点 v_i 和 v_j，如果存在一条路相连接，使 v_i 和 v_j 分别是路的前结点和后结点，那么称这两个点之间存在**先后关系**（或者称为**前后关系**），并且称 v_i 是 v_j

的**前结点**，v_j 是 v_i 的**后结点**，用 $v_i \to v_j$ 来表示。如果对两个点 v_i 和 v_j，v_i 既是 v_j 的前结点，又是 v_j 的后结点，那么这两个点在一个回路上，反之亦然。在图中没有前结点的点称为图的**始点**（或者称为**发点**），没有后结点的点称为是图的**终点**（或者称为**收点**），既没有前结点又没有后结点的点称为图的**孤立点**。一般来讲，一个图可能有不止一个始点或者终点。

陈敏超等[14]提出编号算法，可以判别有向图是否存在回路，并对没有回路的有向图中的点进行编号，使得任意点的编号比它的后结点的编号要小，比它的前结点的编号要大。下面是他们提出的编号算法的思路。

对图 G 定义一个**先后关系矩阵** $A = (a_{ij})$。如果 v_i 是 v_j 的前结点，那么 $a_{ij} = 1$；否则 $a_{ij} = 0$。对于存在回路的图的可能会写出不同的先后关系矩阵，但不会影响算法的实施。记矩阵 A 的第 i 行为 U_i，第 j 列为 V_j。如果 U_i 中的元素都是 0，那么 v_i 没有后结点，因此是图的终点；如果 V_j 中的元素都是 0，那么 v_j 没有前结点，因此是图的始点。编号算法是从第 1 列开始扫描，把元素全为 0 的列相应的点编号为 1，并把这个点从图中删去，同时在先后关系矩阵中删去相应的行和列。再从第 1 列开始扫描并编号为 2，直到所有的点都编号，算法终止。如果元素全为 0 的列不存在，那么此时的（子）图是一个回路，算法也终止。这个算法的实现和分析可以看参考文献[14]。把这个算法运用到有先后约束的工件，可以判别工件的先后约束是否"合理"，并对没有"矛盾"的先后约束的工件进行编号，使得任意工件的编号比它的后工件的编号要小，比它的前工件的编号要大。

工件有先后约束的单台机器排序问题 $1 \mid \text{prec} \mid \sum f_j$ 是对 n 个工件 $\{1, 2, \cdots, n\}$ 在满足工件之间先后约束的条件下，寻找使 $\sum f_j$ 最小的排法。用动态规划方法解工件有先后约束的单台机器排序问题 $1 \mid \text{prec} \mid \sum f_j$ 是 Schrage 和 Baker 在 1978 年第一次提出的[15]。此文的贡献主要有三方面。

第一，采用动态规划的顺向解法，所以对于一个部分排序来讲，每个工件的前工件都必须也在这个部分排序中。否则，用顺向解法在这个部分排序的"后面"再"加"工件时，一定不能满足先后约束的要求。为此，他们定义所谓"可行排序"。设 J 是全部 n 个工件的一个子集。如果对于任意工件 $k \in J$，k 的前工件也在 J 中，那么称 J 是可行的。这样，只需要在可行排序中采用动态规划的顺向解法。

第二，作为可行排序 J 的前一个状态，在 $J \backslash \{i\}$ 中要减去工件 i 只需工件 i 是属于 $R(J)$ 的，其中 $R(J)$ 是在 J 中没有后工件的那些工件的全体。利用图

的先后关系矩阵 $\boldsymbol{A}=(a_{ij})$ 可以确定 $R(J)$ 中的工件。如果工件 i 对任何工件 $j\in J$ 都有 $a_{ij}=0$,那么 $i\in R(J)$,反之亦然。

以上两点可以分别减少动态规划计算中"状态"和"决策"的数量,加快搜索最优解。然而这种"减少"还不能保证不是指数算法。此时递推方程:

$$\begin{cases} F(\varnothing)=0, \\ F(J)=\min_{i\in R(J)}\{f_i(q_J)+F(J\setminus\{i\})\}, \end{cases}$$

其中 q_J 是 J 中所有工件加工时间之和。

第三,对实施动态规划提出枚举算法和标号算法对计算机编程是很有帮助的。

(1) 枚举算法

可以枚举所有的可行集,而且使得可行集的子集都在这个可行集之前枚举出来。为此,定义一个 n 维的向量 $\boldsymbol{m}=(m(1),m(2),\cdots,m(n))$ 来识别工件的(当前)集合 J。如果工件 j 属于集合 J,那么令 $m(j)=1$,否则 $m(j)=0$。这个向量 $\boldsymbol{m}$ 称为当前集合 J 的当前向量。Schrage 和 Baker[15] 在叙述枚举算法时有一些错误,把他们的错误改正,正确的枚举算法的框图见图 3-1。

对于枚举算法要证明两点。

① 枚举算法记录的集合是可行集。

这个算法是从空集(可行集)开始执行的。在每记录一个集合之前经过两种集合运算:第一种是加入一个工件;第二种是删去或者不删去位于这个加入工件前面的工件。由于每次都向可行集加入当前余下的工件中编号最小的一个,因此加入一个工件的运算不会破坏当前集合的可行性。此外,删去的工件是从当前集合 J 的 $R(J)$ 中选择的。由 $R(J)$ 的定义知,$R(J)$ 是在 J 中没有后工件的那些工件的全体,所以删去 $R(J)$ 的工件也不会破坏当前集合的可行性。所以枚举算法记录的是可行集。

② 枚举算法可以枚举出所有的可行集,而且每个被枚举出的可行集的子集都在这个可行集之前被枚举出来。

工件之间的先后约束是一种偏序关系。这种工件的所有子集是工件之间没有先后约束时的所有子集的一部分。工件之间没有先后约束时,这个枚举算法就是常规的二进制算法(图 3-2)。这时得到的向量 $\boldsymbol{m}$ 依次为 $(1,0,0,\cdots,0)$,$(0,1,0,\cdots,0)$,$(1,1,0,\cdots,0)$,$(0,0,1,\cdots,0)$,$(1,0,1,\cdots,0)$,$(0,1,1,\cdots,0)$,$(1,1,1,\cdots,0)$,$\cdots$,就是所有从小到大的二进制数;工件集 J 依次为 $\{1\}$,$\{2\}$,$\{1,2\}$,$\{3\}$,$\{1,3\}$,$\{2,3\}$,$\{1,2,3\}$,$\cdots$,就是所有的子集,而且后面工件集的子集都在前面已经出现。枚举算法记录的可行集的序列只是上述二进制算法记录的序列的一部分。因此,枚举算法不但可以枚举出所有的可行集,而且每个被枚举出的可行集的子集都在这个可行集之前枚举出来。

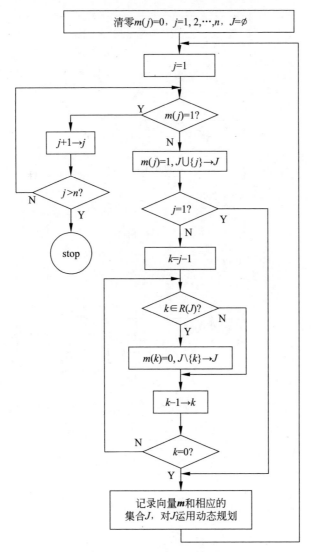

图 3-1　枚举算法的框图

注：Schrage 和 Baker[15] 中关于枚举算法应该改正如下：

步骤 1　令 $m(j)=0,j=1,2,\cdots,n$；

步骤 2　找到使 $m(j)=0$ 成立的第一个 j，记 $i=j$，令 $m(i)=1$；

步骤 3　若 $i=1$，转步骤 6；否则，记 $j=i-1$；

步骤 4　若 $j\in R(J)$，令 $m(j)=0$；

步骤 5　令 $j=j-1$，若 $j=0$，转步骤 6，否则，转步骤 4；

步骤 6　记录向量 $\boldsymbol{m}$，执行动态规划算法，转步骤 2；

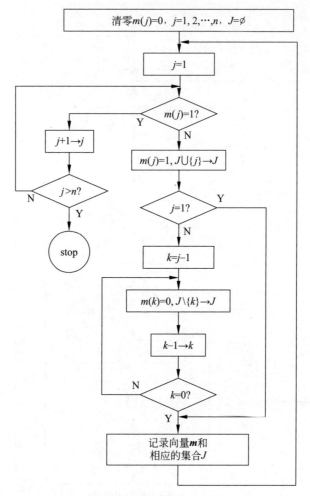

图 3-2　二进制算法的框图

（2）标号算法

标号算法对可行集 J 进行标号 $L(J)$，使 $L(J)$ 可以唯一地识别 J，并且使所有工件标号的和 $\sum L(j)$，也就是所有工件的集合的标号，非常接近或者等于可行集的个数。为此，可以分两步。第一步，把工件编号，使前工件的编号小于后工件的编号，前面介绍的陈敏超等[14]提出算法可以做到这一点。第二步，对每一个工件 j 定义记号 $a(j)$，$b(j)$ 和 $t(j)$，其中 $a(j)$ 表示所有编号小于 j 而且是工件 j 的后工件的标号之和（$a=$ after），$b(j)$ 表示所有编号小于 j 而且是工件 j 的前工件的标号之和（$b=$ before），$t(j)$ 表示所有编号小于 j 的工件的标号之和（$t=$ total）。然而 Schrage 和 Baker[15]没有注意到，由于第一步工件已经进行编号,使前工件的编号小于后工件的编号,因此对任何 j 有 $a(j)=0$,而且可以把 $b(j)$ 简化为工件 j 的所有前工件的标号之和。从而,把工件 j 的标号 $L(j)$ 定义为 $t(j)-b(j)+1$。由于 $t(j)\geqslant b(j)$,这样定义工件 j 的标号 $L(j)$ 是当编号比工件 j 小的工件都是它的前工件时(即 $t(j)=b(j)$ 时),有 $L(j)=1$。这是最小的标号。可行集 J 的标号 $L(J)$ 定义为 J 中所有工件的标号之和。工件标号算法的框图见图 3-3。

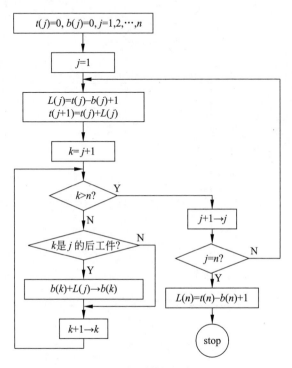

图 3-3　标号算法的框图

为了可以用标号 $L(J)$ 来识别可行集 J,必须证明标号的唯一性,即对一个可行集 J,能够根据标号 $L(J)$ 来确定 J 的所有工件。用归纳法来证明。

从工件 n 开始。如果 n 在可行集 J 中,那么工件 n 的所有前工件一定也在 J 中。因此有 $L(J)\geqslant b(n)+L(n)=b(n)+t(n)-b(n)+1=t(n)+1$。如果 n 不在 J 中,由于 n 是最后一个工件,所以 $L(J)\leqslant t(n)$。由此可知,当且仅当 $L(J)\geqslant t(n)+1$ 时,工件 n 在 J 中。假设已证明 $L(J)$ 可以唯一地确定工件 $j+1,\cdots,n$ 是否属于 J。从 J 中把所有编号大于 j 的工件都移走,得到新的集合 J 仍是关于工件 $1,2,\cdots,j$ 的可行集。用 n 代替 j,前面的讨论同样适用。

上面的证明过程提供了根据标号为可行集"解码",从而给出确定这个可行集中工件的方法。

对 Schrage 和 Baker[15] 中的例子,对结点编号略作修改,使前工件的编号小于后工件的编号。

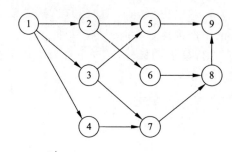

工件	$b(j)$	$t(j)$	$L(j)$
1	0	0	1
2	1	1	1
3	1	2	2
4	1	4	4
5	4	8	5
6	2	13	12
7	7	25	19
8	39	44	6
9	50	50	1

$L(J)=51$。

结点编号不一样,$L(j)$ 也不同。

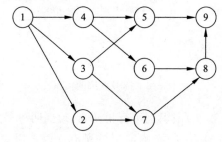

工件	$b(j)$	$t(j)$	$L(j)$
1	0	0	1
2	1	1	1
3	1	2	2
4	1	4	4
5	7	8	2
6	5	10	6
7	4	16	13
8	27	29	3
9	32	32	1

$L(J)=33$。

此外,怎样编号可以使 $L(J)$ 最小? 是一个可以深入研究的课题。

例 3.2　现有 5 个工件,有关参数如下表所示:

工件 j	1	2	3	4	5
加工时间 p_j	3	4	1	6	2
费用函数 $f_j(C_j)$	$\sqrt{C_1}$	C_2	C_3^2	C_4+1	$0.4C_5$

工件间的先后约束如下图所示:

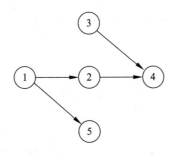

请用动态规划方法求最优解。

解:如果 5 个工件没有先后约束,那么就有 5! =120 种排法。有了题目中的先后约束,可行排法只有 11 种。按照图 3-3 的算法,得到工件的标号如下:

工件 j	$b(j)$	$t(j)$	$L(j)$
1	0	0	1
2	1	1	1
3	0	2	3
4	5	5	1
5	1	6	6

这个例子所有工件的标号之和是 12,而非空可行集的个数是 11 个。

按照图 3-1 的算法,枚举可行集的过程如下:

	J	k	J	k	J	k	J	J
1	1							1
2	1,2							1,2
3	1,2,3	2	1,3	1	3			3
4	1,3							1,3

续表

	J	k	J	k	J	k	J	J
5	1,2,3							1,2,3
6	1,2,3,4							1,2,3,4
7	1,2,3,4,5	4	1,2,3,5	2	1,3,5	3	1,5	1,5
8	1,2,5							1,2,5
9	1,2,3,5	2	1,3,5					1,3,5
10	1,2,3,5							1,2,3,5
11	1,2,3,4,5							1,2,3,4,5

动态规划过程：

	m	J	$L(J)$	$C(J)$	$R(J)$及其 最后工件	$f(J)$		$S(J)$	最优解
1	10000	1	1	3	1	1.73		1	1
2	11000	1,2	2	7	2	8.73		2	1-2
3	00100	3	3	1	3	1		3	3
4	10100	1,3	4	4	1 3	3 17.73	3	1	3-1
5	11100	1,2,3	5	8	2 3	11 72.73	11	2	3-1-2
6	11110	1,2,3,4	6	14	4	26		4	3-1-2-4
7	10001	1,5	7	5	5	3.73		5	1-5
8	11001	1,2,5	8	9	2 5	12.73 12.33	12.33	5	1-2-5
9	10101	1,3,5	10	6	3 5	39.73 5.4	5.4	5	3-1-5
10	11101	1,2,3,5	11	10	2 3 5	15.4 112.33 15	15	5	3-1-2-5
11	11111	1,2,3,4,5	12	16	4 5	32 32.4	32	4	3-1-2-5-4

上表中 $S(J)$ 表示在这一阶段的最优排序中,应排在最后的工件。

在例 3.2 中如果不利用工件加工的先后约束进行标号,那么整个集合的标号是 $2^5-1=31$,比 12 大得多。尽管如此,还不能说这个标号算法在空间上是多项式的。

3.1.4　加工允许中断的单台机器排序问题 $1 \mid \mathrm{pmtn}, r_j \mid \sum w_j U_j$

问题 $1 \mid \mathrm{pmtn}, r_j \mid \sum w_j U_j$ 的一个实例是对 n 个工件的每个工件给出 4 个参数的值($j=1,2,\cdots,n$):

(1) 就绪时间 r_j,在此之前工件 j 不能加工;

(2) 加工时间 p_j(正数),工件 j 在完成加工之以前必须要在机器上进行加工的时间;

(3) 交货期 d_j,工件 j 为了不误工必须要在 d_j 之前加工完成;

(4) 权 w_j(正数),不误工的工件 j 的重要性。

加工允许中断,即工件在加工时可以随时被中断,而且在以后继续加工时不需多花费代价。目标是把这些工件放在单台机器上加工,使误工工件的权之和为最小。

Lawler[16] 对这个问题进行了深入的分析,并提出解决这个问题的动态规划算法。算法如下:

假设工件按交货期大小编号,令 k 表示不同的就绪时间的个数。对一个给定的非空可行子集 S,定义

$r(S)=\min\{r_j\} \quad (j \in S),$

$p(S)=\sum p_j \quad (j \in S),$

$w(S)=\sum w_j \quad (j \in S),$

$c(S)=$ 按 EDD 序排序在 S 中最后一个工件的完工时刻,

$C_j(r,w)$ 等于 $c(S)$ 对于所有这种可行集 S 的最小值,其中 r 代表工件就绪时间,w 为整数,$0 \leqslant w \leqslant W$。

用 n 次迭代来计算 $C_j(r,w)$ 的值,$j=1,2,\cdots,n$,

初始条件:

$C_0(r,0)=r, \quad$ 对所有 r;

$C_0(r,w)=+\infty, \quad$ 对所有 r 和 $w>0$。

递推方程:

$$C_j(r,w)$$
$$=\min\begin{cases}C_{j-1}(r,w),\\ \max\{r_j,C_{j-1}(r,w-w_j)\}+p_j,\\ \min_{r',w'}\{C_{j-1}(r',w')+\max\{0,p_j-r'+r_j+P_{j-1}(r,r',w-w_j-w')\}\}\end{cases}。$$

其中里面的第二个 min 是对所有不同的就绪时间 $r'>r_j,r'\in\{r_1,r_2,\cdots,$ $r_{j-1}\}$ 和满足 $0<w'<w-w_j$ 的所有整数 w' 取最小值。重要的是要注意,只有在右边不大于 d_j 时上式才是有效的,若不满足这一点,则令 $C_j(r,w)=+\infty$。

对可行集 $S''\subseteq\{1,2,\cdots,j-1\}$,若满足 $r(S'')\geqslant r,c(S'')\leqslant r',w(S'')>w''$,定义 $P_{j-1}(r,r',w'')$ 表示在 $[r_j,r']$ 时段内最小的加工量,其中 r,r' 代表工件就绪时间,$r<r_j<r',w''$ 为整数,$0\leqslant w''\leqslant W$;若没有这样的可行集,令 $P_{j-1}(r,r',w'')=+\infty$,即

$$P_{j-1}(r,r',w'')$$
$$=\min\left\{\begin{matrix}P_{j-1}(r^+,r',w''),\\\min_{0<w'\leqslant w''}\{\max\{0,C_{j-1}(r,w')-r_j\}+P_{j-1}(r'',r',w''-w')\}\end{matrix}\right\},$$

其中 r^+ 表示所有工件的最小交货期。

初始条件:

$$P_{j-1}(r,r',0)=0,\qquad 对 j=1,2,\cdots,n,$$
$$P_0(r,r',w'')=+\infty,\quad 对 w''>0。$$

该算法的时间和空间的界分别是 $O(nk^2W^2)$ 和 $O(k^2W)$,对目标函数简化为误工工件个数时的问题 $1\mid\text{pmtn},r_j\mid\sum U_j$,这个伪多项式的时间界是多项式的,即 $O(n^3k^2)$。

3.2　单台机器排序问题 $1\parallel f_{\max}$

设 n 个工件 $\{J_1,J_2,\cdots,J_n\}$ 要在一台机器上加工,工件 J_j 的加工时间是 p_j,交货期是 d_j,工件 J_j 在时刻 C_j 完工时所需的费用函数是 $f_j(C_j)$,最大费用 $f_{\max}=\max_j\{f_j(C_j)\mid j=1,2,\cdots,n\}$,找一个排法使最大费用 $f_{\max}$ 为最小,用三参数式表示为 $1\parallel f_{\max}$。这里 f_j 是 C_j 的单调非降函数,并且通常都与工件的交货期有关,常用的 $f_j(C_j)\in\{C_j,L_j,T_j\}$,其中 L_j 表示工件 J_j 的延迟 $(L_j=C_j-d_j)$,T_j 表示工件 J_j 的延误 $(T_j=\max\{0,L_j\})$。这类问题可以有有效地动态规划算法,即使当工件的加工有任意的先后约束时,也可以用动态规划方法求解。

3.2.1　单台机器排序问题 $1\parallel f_{\max}$ 的逆向解法

这类排序问题中,工件的状态与问题 $1\parallel\sum f_j$ 中工件的情况相同,只是目标函数有所不同。因此,采用动态规划方法求解时,关于历程、状态变量、决策变量、状态转移规律以及权函数的分析都与问题 $1\parallel\sum f_j$ 相同。将第 k 阶段开

始时已排好顺序的工件组成的集合记为 $J^{(k)}$,则有历程 $N=n$,第 k 阶段状态变量 $s_k=J^{(k)}(s_{n+1}=J^{(n+1)}=\varnothing)$,第 k 阶段决策变量 x_k 的取值集 $D_k(s_k)=J^{(k)}$,状态转移规律 $s_k=s_{k+1}\bigcup\{x_k\}$,权函数 $w_k(s_k,x_k)=f_i(C_i)=f_i(q_{J^{(k)}}+p_i)$,其中 $q_{J^{(k)}}=P-\sum\limits_{J_j\in J^{(k)}}p_j,P=\sum\limits_{j=1}^{n}p_j$。指标函数 $f_k(s_k)$ 是 $s_k=J^{(k)}$ 中工件放在最后面,采用最优子策略 $(x_k,x_{k+1},\cdots,x_N)$ 时的目标函数值。由于问题 $1\parallel f_{\max}$ 的目标是使所有 $f_j(C_j),j=1,2,\cdots,n$ 中的最大值达到最小,所以递推方程应该为

$$
\begin{cases}
F_{n+1}(s_{n+1})=F_{n+1}(\varnothing)=0,\\
F_k(s_k)=\min\limits_{x_k\in D_k(s_k)}\{\max\{F_{k+1}(s_{k+1}),w_k(s_k,x_k)\}\}\\
\qquad\quad=\min\limits_{x_i\in J^{(k)}}\{\max\{F_{k+1}(s_k\backslash\{x_i\}),f_i(q_{J^{(k)}}+x_i)\}\}\\
\qquad\quad=\min\limits_{J_i\in J^{(k)}}\{\max\{F_{k+1}(J^{(k)}\backslash\{J_i\}),f_i(q_{J^{(k)}}+p_i)\}\}\},\quad k=n,n-1,\cdots,2,1。
\end{cases}
$$

最优解由 $F_1(s_1)$ 从顺向来得到。

例 3.3　用逆向动态规划求下列 4 个工件[6]

J_j	J_1	J_2	J_3	J_4
p_j	1	2	3	4
d_j	2	7	5	6

使 $T_{\max}$ 为最小的排法。

第 4 阶段　$k=4$

$J^{(4)}$	$\{J_1\}$	$\{J_2\}$	$\{J_3\}$	$\{J_4\}$
$q_{J^{(4)}}$	9	8	7	6
$J_i\in J^{(4)}$	J_1	J_2	J_3	J_4
f_i	8	3	5	4
$F_5(J^{(4)}\backslash\{J_i\})$	0	0	0	0
$F_4(s_4)=F_4(J^{(4)})$	8	3	5	4

第 3 阶段　$k=3$

$J^{(3)}$	$\{J_1,J_2\}$		$\{J_1,J_3\}$		$\{J_1,J_4\}$		$\{J_2,J_3\}$		$\{J_2,J_4\}$		$\{J_3,J_4\}$	
$q_{J^{(3)}}$	7		6		5		5		4		3	
$J_i\in J^{(3)}$	J_1^*	J_2	J_1^*	J_3	J_1^*	J_4	J_2	J_3^*	J_2	J_4^*	J_3^*	J_4
f_i	6	2	5	4	4	3	0	3	0	2	1	1
$F_4(J^{(3)}\backslash\{J_i\})$	3	8	5	8	4	8	5	3	4	3	4	5
$F_3(s_3)=F_3(J^{(3)})$	6		5		4		3		3		4	

第 2 阶段　$k=2$

$J^{(2)}$	$\{J_1,J_2,J_3\}$			$\{J_1,J_2,J_4\}$			$\{J_1,J_3,J_4\}$			$\{J_2,J_3,J_4\}$		
$q_{J^{(2)}}$	4			3			2			1		
$J_i\in J^{(2)}$	J_1^*	J_2	J_3	J_1^*	J_2	J_4	J_1^*	J_3^*	J_4	J_2	J_3^*	J_4^*
f_i	3	0	0	3	0	1	1	0	0	0	0	0
$F_3(J^{(2)}\backslash\{J_i\})$	3	5	6	3	4	6	4	4	5	4	3	3
$F_2(s_2)=F_2(J^{(2)})$	3			3			4			3		

第 1 阶段　$k=1$

$J^{(1)}$	$\{J_1,J_2,J_3,J_4\}$			
$q_{J^{(1)}}$	0			
$J_i\in J^{(1)}$	J_1^*	J_2	J_3^*	J_4^*
f_i	0	0	0	0
$F_2(J^{(1)}\backslash\{J_i\})$	3	4	3	3
$F_1(s_1)=F_1(J^{(1)})$	3			

最优排序有多个,分别是 $J_1-J_3-J_4-J_2$,$J_1-J_4-J_3-J_2$,$J_3-J_1-J_4-J_2$,$J_4-J_1-J_3-J_2$,最优值都为 $T_{\max}=3$。

3.2.2　单台机器排序问题 $1\parallel f_{\max}$ 的顺向解法

类似于前面的分析,把问题分为 n 个阶段,第 k 个阶段确定第 k 个位置上的工件,历程 $N=n$。第 k 阶段状态变量 s_k 是把 k 个工件排在最前面。我们把这个 k 工件的集合记为 $J^{(k)}$,所以有 $s_k=J^{(k)}(s_0=J^{(0)}=\varnothing)$。决策变量 $x_k=x_k(s_k)=J_i$,第 k 阶段决策变量 x_k 的取值集 $D_k(s_k)=J^{(k)}$。状态转移规律 $s_k=T_k(s_{k-1},x_{k-1})=J^{(k-1)}\bigcup\{J_i\}$,即 $s_k=s_{k-1}\bigcup\{x_k\}$。权函数 $w_k(s_k,x_k)=f_i(C_i)=f_i(q_{J^{(k)}})$,其中 $q_{J^{(k)}}=\sum\limits_{J_j\in J^{(k)}}p_j$。指标函数 $F_k(s_k)$ 是 $s_k=J^{(k)}$ 中工件放在最前面,采用最优子策略 $(x_1,x_2,\cdots,x_k)$ 时的目标函数值。

递推方程:

$$\begin{cases} F_0(s_0)=F_0(\varnothing)=0, \\ \begin{aligned} F_k(s_k) &= \min_{x_k\in D_k(s_k)}\{\max\{w_k(s_k,x_k),F_{k-1}(s_{k-1})\}\} \\ &= \min_{x_i\in J^{(k)}}\{\max\{f_i(q_{J^{(k)}}),F_{k-1}(s_k\backslash\{x_i\})\}\} \\ &= \min_{J_i\in J^{(k)}}\{\max\{f_i(q_{J^{(k)}}),F_{k-1}(J^{(k)}\backslash\{J_i\})\}\},\quad k=1,2,\cdots,n。 \end{aligned} \end{cases}$$

最优解由 $F_n(s_n)$ 从逆向来得到。

例 3.4 用顺向动态规划求解例 3.3。

第 1 阶段计算 $k=1$

$J^{(1)}$	$\{J_1\}$	$\{J_2\}$	$\{J_3\}$	$\{J_4\}$
$q_{J^{(1)}}$	1	2	3	4
$J_i \in J^{(1)}$	J_1	J_2	J_3	J_4
f_i	0	0	0	0
$F_0(J^{(1)}\setminus\{J_i\})$	0	0	0	0
$F_1(s_1)=F_1(J^{(1)})$	0	0	0	0

第 2 阶段计算 $k=2$

$J^{(2)}$	$\{J_1,J_2\}$		$\{J_1,J_3\}$		$\{J_1,J_4\}$		$\{J_2,J_3\}$		$\{J_2,J_4\}$		$\{J_3,J_4\}$	
$q_{J^{(2)}}$	3		4		5		5		6		7	
$J_i \in J^{(2)}$	J_1^*	J_2	J_1^*	J_3	J_1^*	J_4	J_2^*	J_3^*	J_2^*	J_4^*	J_3	J_4^*
f_i	1	0	2	0	3	0	0	0	0	0	2	1
$F_1(J^{(2)}\setminus\{J_i\})$	0	0	0	0	0	0	0	0	0	0	0	0
$F_2(s_2)=F_2(J^{(2)})$	1		2		3		0		0		1	

第 3 阶段计算 $k=3$

$J^{(3)}$	$\{J_1,J_2,J_3\}$			$\{J_1,J_2,J_4\}$			$\{J_1,J_3,J_4\}$			$\{J_2,J_3,J_4\}$		
$q_{J^{(3)}}$	6			7			8			9		
$J_i \in J^{(3)}$	J_1	J_2	J_3^*	J_1	J_2	J_4^*	J_1	J_3	J_4^*	J_2^*	J_3	J_4
f_i	4	0	1	5	0	1	6	3	2	2	4	3
$F_2(J^{(3)}\setminus\{J_i\})$	0	2	1	0	3	1	1	3	2	1	0	0
$F_3(s_3)=F_3(J^{(3)})$	1			1			2			2		

第 4 阶段计算 $k=4$

$J^{(4)}$	$\{J_1,J_2,J_3,J_4\}$			
$q_{J^{(4)}}$	10			
$J_i \in J^{(4)}$	J_1	J_2^*	J_3	J_4^*
f_i	8	3	5	4
$F_3(J^{(4)}\setminus\{J_i\})$	2	2	1	1
$F_4(s_4)=F_4(J^{(4)})$	3			

最优排序是 $J_3-J_1-J_4-J_2$,最优值 $T_{\max}=3$。

3.2.3　工件有先后约束的单台机器排序问题 $1\,|\,\text{prec}\,|\,f_{\max}$

工件有先后约束的单台机器排序问题 $1\,|\,\text{prec}\,|\,f_{\max}$ 是对 n 个工件 $\{1,2,\cdots,n\}$ 在满足工件之间先后约束的条件下,寻找使 $f_{\max}$ 为最小的排法。Lawler[17] 提出了求解这一问题的动态规划逆向解法。

显然,无论工件采用哪种顺序进行加工,最后加工的工件的完工时间都等于总加工时间 $C_{\max}=\sum_{j=1}^{n}p_j$。用 J 表示已经排好顺序的工件集组成的集合,于是集合 J 中的工件应在时段 $\left[C_{\max}-\sum_{j\in J}p_j,C_{\max}\right]$ 内加工。集合 J 的补集 J^c 代表待排序的工件组成的集合,J^c 的子集 J' 表示可以在集合 J 之前紧挨着集合 J 加工的工件组成的集合(即所有直接后工件都在集合 J 中的工件组成的集合)。因此,J' 可称作当前的可行集。下面的逆向解法可求出最优排序。

问题 $1\,|\,\text{prec}\,|\,f_{\max}$ 的动态规划算法

步骤 1　令 $J=\varnothing$,$J^c=\{1,2,\cdots,n\}$,J' 由所有没有后工件的工件组成。

步骤 2　令 j^* 代表满足 $f_{j^*}\left(\sum_{j\in J^c}p_j\right)=\min_{j\in J'}\left(f_j\left(\sum_{k\in J^c}p_k\right)\right)$ 的工件。

步骤 3　将 j^* 放入集合 J,从 J^c 中去掉 j^*。调整 J',令其表示当前可排序的工件集。

步骤 4　如果 $J^c=\varnothing$,算法停止;否则,转 2。

定理 3.1　上述算法求出的解就是问题 $1\,|\,\text{prec}\,|\,f_{\max}$ 的一个最优解。

证明:采用反证法。假设在某次迭代中,从 J' 中选出一个工件 j^{**},它的完工费用不是 J' 中工件的最小完工费用。那么,完工费用最小的工件 j^* 一定在后面的迭代中被安排,即工件 j^* 一定在工件 j^{**} 之前被加工。在 j^* 和 j^{**} 之间还有可能有其他工件,我们用 A 表示它们的集合,A 也可以是空集(如图 3-4 所示)。我们把这个加工序列记为 $\boldsymbol{\pi}$。

图 3-4　加工序列 $\boldsymbol{\pi}$

为了说明这个加工序列不可能是最优的,将工件 j^* 取出插入 j^{**} 之后紧随 j^{**} 加工,得到新的加工序列 $\boldsymbol{\pi}'$(如图 3-5 所示)。

图 3-5　加工序列 $\boldsymbol{\pi}'$

这样,在 π' 中 j^{**} 及 A 的完工时间均提前了,只有 j^* 的完工时间增加了。但是,j^* 在序列 π' 中的完工时间与 j^{**} 在 π 中的完工时间相同,都是 $\sum\limits_{k \in J^c} p_k$。根据假设,$j^*$ 是在时刻 $\sum\limits_{k \in J^c} p_k$ 完工的费用最小者,因此序列 π' 的最大完工费用比序列 π 的最大完工费用要小。证毕。

给 n 个工件排序需要 n 步,每一步最多有 n 个工件要考虑。因此,本算法在最坏情况下的时间界是 $O(n^2)$。

第 4 章　几类新型排序问题

4.1　分批排序问题

　　分批排序问题是一个较新的研究领域,由于把一批作为一个决策阶段,分批作业排序呈现出多阶段决策过程的结构,因此动态规划成为解决该类问题比较有效的方法之一。分批排序分为两种:一种是同一批工件同时开工,总加工时间为该批工件中最长的加工时间,这种称为平行批 Parallel-batching,简称 p-batch;另一种是一批工件排成一个序列进行加工,加工时间为它们的加工时间之和,这种称为系列批 Serial-batching。由于往往存在一个安装时间,有些文献也称为成组加工。本节只考虑平行批的情形。关于平行批又分为两种情形:一种是批容量无界,即 $b=\infty$;另一种是批容量有界,即 $b<\infty$。这里的 b 表示批内工件的个数。

　　SPT 批序列　对于 n 个工件 $J_1,J_2,\cdots,J_n$,按照给定的分批方案构成一个批序列 $B_1,B_2,\cdots,B_r$,其中 $B_i=\{J_k\,|\,k\in S_i\subseteq\{1,2,\cdots,n\}\}$,$|B_i|$ 表示批 B_i 中工件的个数,S_i 表示批 B_i 的工件下标集合,有 $\sum_{i=1}^{r}|B_i|=n$。令 $p(B_i)=\max\limits_{J_j\in B_i}p_j$,如果 $p(B_1)\leqslant p(B_2)\leqslant\cdots\leqslant p(B_r)$,则称该序列为 SPT 批序列。

4.1.1　加权总完工时间问题 $1\mid\text{p-batch},b=\infty\mid\sum w_jC_j$

　　本节考虑单台机器下平行分批问题,目标函数最小化加权总完工时间,即问题 $1\mid\text{p-batch},b=\infty\mid\sum w_jC_j$。

　　引理 4.1　存在一个最优的排序方案,满足所有的工件按照 SPT 序排列。

　　证明:如果存在一个序列,工件 J_i 和工件 J_j 满足 $p_i<p_j$,且工件 J_i 所在的批排在工件 J_j 所在的批之前。则可以将两个工件交换,目标函数值不会增加。因此不妨令 n 个工件 $J_1,J_2,\cdots,J_n$ 的加工时间符合 SPT 序,即 $p_1\leqslant p_2\leqslant\cdots\leqslant p_n$。根据回溯递推方法,定义最优值函数:

　　F_j 表示工件集 $\{J_j,J_{j+1},\cdots,J_n\}$ 从零时刻开始的最小加权总完工时间,$1\leqslant j\leqslant n$。一批作为一个决策阶段,设第一批的工件集为 $B_1=\{J_j,J_{j+1},\cdots,$

$J_{k-1}\}$,那么 $p(B_1)=p_{k-1}$,对于目标函数值的贡献为 $p_{k-1}\sum\limits_{h=j,j+1,\cdots,n} w_h$。同时,后面的工件集 $J_k,J_{k+1},\cdots,J_n$ 的子过程也必须是最优的,其最小费用为 F_k,由此可以得到动态规划的递推方程为

$$F_j=\min_{j\leqslant k\leqslant n+1}\Big\{p_{k-1}\sum_{h=j,j+1,\cdots,n}w_h+F_k\Big\},\quad 1\leqslant j\leqslant n,$$

初始条件 $F_{n+1}=0$,最优值为 F_1,该动态规划的迭代运算有 n 个阶段,每个阶段求最小值的运算时间至多 $O(n)$,因此时间复杂性为 $O(n^2)$。

如果不考虑工件的顺序,计算复杂性 $O(n\log n)$,可以修改为线性时间算法。递推方程 $F_j=\min\limits_{j\leqslant k\leqslant n+1}\Big\{p_{k-1}\sum\limits_{h=j}^n w_h+F_k\Big\}(1\leqslant j\leqslant n)$ 中的 F_j 可以看作以 $\{1,2,\cdots,n\}$ 为顶点集的有向图里,从顶点 j 到 $n+1$ 的一个最短路。其中有向边 (j,k) 的长度为 $c_{jk}=p_{k-1}\sum\limits_{h=j}^n w_h$。$F(j,k)=c_{jk}+F_k$ 为包含一条有向边 (j,k) 的最短路,进而递推方程修改为

$$F_j=\min_{j\leqslant k\leqslant n+1}F(j,k),\quad 1\leqslant j\leqslant n。$$

为了减少 k 的范围,令 $\delta(k,l)=\dfrac{F_k-F_l}{p_{l-1}-p_{k-1}}$,表示工件 J_k 和工件 $J_l(j\leqslant k\leqslant l)$ 的相对梯度。如果 $F(j,k)\leqslant F(j,l)$,则 $\delta(k,l)\leqslant\sum\limits_{h=j}^n w_h$。

引理 4.2　对于工件 J_k 和工件 J_l 的相对梯度,具有以下的性质:

(1) 若 $\delta(k,l)\leqslant\sum\limits_{h=i}^n w_h$,则对于任意的 $j\leqslant i$,有 $F(j,k)\leqslant F(j,l)$;

(2) 若 $\delta(i,k)\leqslant\delta(k,l)$,$i\leqslant k\leqslant l$,则对于任意的 $j\leqslant i$,有
$$\min\{F(j,i),F(j,l)\}\leqslant F(j,k)。$$

证明：根据简单的代数运算可以直接计算,这里省略。

在迭代算法中按照 $j=n,n-1,\cdots,1$ 的次序进行运算,如果遇到引理 4.2 的情形(1)总有 $F(j,k)\leqslant F(j,l)$,从而可以消去顶点 l;遇到情形(2),总有 $\min\{F(j,i),F(j,l)\}\leqslant F(j,k)$,从而可以消去顶点 k。接下来将给出改进的算法,令 $\overline{k}_j$ 为使目标函数达到最小值的变量 k,即 $F_j=F(j,\overline{k}_j)=\min\limits_{j\leqslant k\leqslant n+1}F(j,k)$。

假设事先已经确定了工件时间按照 SPT 排列,即 $p_1,p_2,\cdots,p_n$,且 $\sum\limits_{h=j}^n w_h(1\leqslant j\leqslant n)$。令 Q 表示候选最短路的顶点集。

改进的算法:

步骤 1　$F_{n+1}:=0,Q:=\{n\},j:=n$。

步骤 2 设 $Q=\{i_1,i_2,\cdots,i_r\}$，其中 $i_1\leqslant i_2\leqslant\cdots\leqslant i_r$，当 $r>1$ 且 $\delta(i_{r-1},i_r)\leqslant$ $\sum\limits_{h=j}^{n}w_h$ 时，将 i_r 从 Q 中消去，令 $r:=r-1$。

步骤 3 得到 $F_j:=F(j,i_r)$，$\bar{k}_j:=i_r$。

步骤 4 若 $p_j=p_{i_1}$，则 j 不加入 Q，否则当 $r>1$ 且 $\delta(j,i_1)\leqslant\delta(i_1,i_2)$ 时将 i_1 从 Q 中消去，令 $i_h:=i_{h+1}$，$1\leqslant h\leqslant r-1$。

步骤 5 将 j 加入 Q，令 $i_1:=j$ 及 $i_h:=i_{h-1}(2\leqslant h\leqslant r-1)$。若 $j>1$，则令 $j:=j-1$，转步骤 2。

步骤 6 设第 i 批的开始加工时间为 x_i，则 $x_1:=1$，且对于 $i\leqslant 2$，令 $x_i:=\bar{k}_{x_{i-1}}$，直到 $x_{i+1}=n+1$。

定理 4.1 该算法可以在 $O(n\log n)$ 时间内求解分批排序问题 $1\mid$ p-batch, $b=\infty\mid\sum w_jC_j$。如果不计工件编号顺序，则该算法运行时间为 $O(n)$。

证明： 计算 F_j 有 n 个阶段，每个阶段包括一个循环，在所有阶段中每个顶点至多被添加一次或者消去一次。当一个 j 加入 Q，计算相对梯度 $\delta(j,i_1)$，当 i_1 从 Q 中消去时，i_2 变成了 i_1，也需要计算相对梯度 $\delta(j,i_1)$。在所有的阶段，相对梯度 $\delta(i_h,i_{h+1})$ 计算至多需要时间 $O(n)$。再者每次顶点增加或者消去都需要计算相对梯度，可以在常数时间内完成，故迭代的运行时间界为 $O(n)$。因此如果考虑预处理的 SPT 序的时间 $O(n\log n)$，总的运行时间界为 $O(n\log n)$。

4.1.2 最大延迟问题 $1\mid$ p-batch, $b=\infty\mid L_{\max}$

本节考虑单机下平行分批问题，目标函数最大延迟 $L_{\max}=\max\{C_j-d_j\}$，其中 d_j 为工件 J_j 的工期，即问题 $1\mid$ p-batch, $b=\infty\mid L_{\max}$。本节仍有以下结论成立：在最优序列中存在一个最优的排序方案，满足所有工件按照 SPT 序排列。

因此令 n 个工件 $J_1,J_2,\cdots,J_n$ 的加工时间符合 SPT 序，即 $p_1\leqslant p_2\leqslant\cdots\leqslant p_n$。如果在最优序列 $\boldsymbol{\sigma}$ 中，对于 $i<j$，即 $p_i<p_j$，有 $d_i\geqslant d_j$，则总可以把工件 J_i 放到工件 J_j 所在的批中，并且仍然有 $L_i(\boldsymbol{\sigma})\leqslant L_j(\boldsymbol{\sigma})$，即删除工件 J_i 对于目标函数没有影响。因此可以假定工件满足 $p_1<p_2<\cdots<p_n$ 和 $d_1>d_2>\cdots>d_n$。

根据回溯递推方法，定义最优值函数：

$F_j(j=1,2,\cdots,n)$ 表示工件集 $J_j,J_{j+1},\cdots,J_n$ 从零时刻开始的最小最大延迟。

一批作为一个决策阶段，设第一批工件集为 $B_1=\{J_j,J_{j+1},\cdots,J_{k-1}\}$，那么 $p(B_1)=p_{k-1}$，对于目标函数值的贡献为 $\max\limits_{j\leqslant h\leqslant k-1}\{p_{k-1}-d_h\}=p_{k-1}-d_j$。同

时，后面的工件集 $J_k, J_{k+1}, \cdots, J_n$ 的子过程也必须是最优的，其最小费用为 $p_{k-1}+F_k$，由此可以得到动态规划的递推方程为

$$F_j = \min_{j < k \leqslant n+1} \max\{p_{k-1}-d_j, p_{k-1}+F_k\}, \quad 1 \leqslant j \leqslant n,$$

初始条件为 $F_{n+1}=-\infty$，最优值为 F_1，该动态规划的迭代算有 n 个阶段，每个阶段求最小值的运算时间至多 $O(n)$，因此算法的时间复杂性为 $O(n^2)$。

如果不考虑工件的顺序计算复杂性 $O(n\log n)$，可以修改为线性时间算法。令 $\bar{k}_j$ 为使目标函数达到最小值的变量 k，即 $F_j = \max\{p_{\bar{k}_j-1}-d_j, F_{\bar{k}_j}+p_{\bar{k}_j-1}\}$。根据引理 4.2，则有 $(1) F_j \geqslant F_{j+1}$ 且 $\bar{k}_j \geqslant \bar{k}_{j+1}$；$(2)$ 若 $p_{u-1}-d_j \leqslant a(u)$，则 $F_j = F_{j+1}=a(u), \bar{k}_j = \bar{k}_{j+1}=u$，否则 $F_j = \min\{p_{q-1}-d_j, \min_{j<k<q} a(k)\}$，其中 $\bar{k}_{j+1}=u, a(k)=F_k+p_{k-1}, q=\min\{k:p_{k-1}-d_j \geqslant a(k)\}, j<k \leqslant u$。

为了求出最小的 $a(k), j<k<q$，考虑一个工件序列 $Q=\{i_1, i_2, \cdots, i_h\}$，使得 $i_1 \leqslant i_2 \leqslant \cdots \leqslant i_h$，且 $a(i_1)>a(i_2)>\cdots>a(i_r), a(i_t)=\min\{a(k): j<k<i_{t+1}\}, 1 \leqslant t \leqslant h, i_{h+1}=q$。则有

$$\min_{j<k<q} a(k)=a(i_h),$$
$$F_j = \min\{p_{q-1}-d_j, a(i_h)\},$$
$$\bar{k}_j = \begin{cases} i_h, & a(i_h) \leqslant p_{q-1}-d_j, \\ q, & a(i_h) > p_{q-1}-d_j. \end{cases}$$

很显然再求出 F_j 后，令 $a(j)=F_j+p_{j-1}, j<i_1$，并执行一个 UPDATE 程序。

UPDATE 程序

（1）将 j 放在 Q 的首位，

（2）若 $a(i_t) \geqslant a(j), t=1,2,\cdots$，则删除 i_t。

改进的算法：

步骤 1　$F_n := p_n-d_n, \bar{k}_n := n+1, Q:=\{n\}, u:=\bar{k}_n, j:=n-1$。

步骤 2　若 $p_{u-1}-d_j \leqslant a(u)$。$F_j := a(u), \bar{k}_j := u$，令 $j:=j-1$，返回步骤 2，否则令 $k:=u-1$。

步骤 3　若 $p_{u-1}-d_j > a(k)$，则令 $Q:=Q\backslash\{k\}$。若 $k>j+1$，则令 $k:=k-1$，返回步骤 3。

步骤 4　若 $Q \neq \varnothing$，且对于 Q 的末尾元素 i_h，有 $a(i_h) \leqslant p_{q-1}-d_j$，则令 $F_j := a(i_h), \bar{k}_j := i_h$。否则 $F_j := p_{q-1}-d_j, \bar{k}_j := q$。

步骤 5　$j:=1$，则终止。否则令 $a(j)=F_j+p_{j-1}$，并执行 UPDATE 程序，令 $u:=\bar{k}_j, j:=j-1$。转步骤 2。

定理 4.2　该算法可以在 $O(n\log n)$ 时间内求解分批排序问题 $1 \mid p\text{-batch}, b=\infty \mid L_{\max}$，如果不计工件编号顺序的运行时间为 $O(n)$。

证明:算法的正确性有上述改进的算法可以得到,接下来考虑算法的运行时间,对于参数 $j+u$,考虑 $j+u=2n$ 时,没经过一次运算步骤,$j+u$ 将会严格下降。步骤 2 说明,u 不变,但是 j 将下降 1,否则将执行步骤 3。在执行步骤 3 中,q 下降 1,并且在步骤 4,u 至少也将下降 1。由此可得步骤 2~4 的执行次数最多为 $2n$。且每次执行步骤都可以在常熟时间内完成,因此这些步骤的时间复杂性为 $O(n)$。

对于步骤 5,每个工件至少进入 Q 一次,且退出也是一次。在 Q 的更新过过程 UPDATE 中,添加进入的一个元素,或者删除推出的一个元素的运行时间均为常数。所以步骤 5 的总运行时间为 $O(n)$。因此得到的最终的时间复杂性为 $O(n)$。

4.2 成组排序问题

经典排序中假设更换工件所需安装时间与机器无关,而实际情况往往不是这样。根据成组技术 GT 的理论,工件分成"类似"工件的工件组。同组的工件接连加工时,不需要或需要较少的安装时间;不同组工件接连加工时,则需要一定的或较多的安装时间。而且,一般来讲安装时间是与排法有关的。类似于需要安装时间,也会有安装费用的问题。成组问题分为两类:一类是必须满足成组技术要求的,即同一组内的工件必须接连放在一起加工;另一类是不受成组技术限制的,即同一组内的工件不必接连进行加工。用三参数表示组加工排序问题时,在 β 域用"S_{fg}"表示安装时间与排法有关,用"S_f"表示安装时间与排法无关,用"GT"表示必须满足组技术要求。

4.2.1 必须满足成组技术要求的成组误工问题 $1 \mid s_f, \mathrm{GT} \mid \sum U_i$

刘朝晖和俞文鮆[18]研究了必须满足成组技术要求的误工问题,证明了即使限定所有工件的加工时间都是单位时间,问题 $1 \mid s_f, \mathrm{GT} \mid \sum U_i$ 也是强 NP 难。对于同组工件有相同交货期的情况,他们通过构造辅助函数,利用动态规划得到一个计算复杂性为 $O(n^{1+\varepsilon}F^{2-\varepsilon})$的多项式算法(其中 ε 是任意给定的正数)。下面介绍这个算法,首先给出一些记号和概念:

设每组的交货期为 $d_f(1\leqslant f\leqslant F)$,组的标号满足 $d_1\leqslant d_2\leqslant\cdots\leqslant d_F$,令 $p_f=s_f+\sum_{j=1}^{n_f} p_j^f$,用 $V(t,f)$表示当组 f 从时刻 t 开始加工时组 f 中不误工的工件数,用 $V(t,\boldsymbol{\pi})$表示前面 f 个组的工件从时刻 t 开始加工时所有组中不误工的工件数,其中 $\boldsymbol{\pi}$ 代表这前面 f 个组 $\boldsymbol{\pi}=(\pi(1),\pi(2),\cdots,\pi(f))$,简称为部分组序。

部分组序 $\boldsymbol{\pi}=(\pi(1),\pi(2),\cdots,\pi(f))$称为合格部分组序,如果满足两个条

件：(1) 对每个 $i\,(1\leqslant i\leqslant f-2)$，至少有一个 $j>i$ 使 $\pi(j)<\pi(i)$；(2) $V\left(\sum_{j=1}^{i-1}p_{\pi(j)},\pi(i)\right)\geqslant 1(i=1,2,\cdots,f)$。刘朝晖和俞文鮆[18]证明了，对于误工任务问题 $1\mid s_f,\mathrm{GT}\mid\sum U_i$ 存在最优序满足：(1)每一组工件按工件加工时间的非减的次序排列；(2)最优序的形式为 S_1,S_2，其中 S_2 中任何组的所有工件都误工，S_1 对应的部分组序是合格部分组序。由此，他们构造了辅助函数，利用动态规划求出最优的合格部分组序，从而得到了问题的多项式时间算法。

定义辅助函数 $G_f(f,\gamma)$ 如下：

初始条件 $G_f(l,0)=\begin{cases}p_l, & V(0,l)\geqslant 1,\\ \infty, & \text{其他}\end{cases}\quad 1\leqslant f\leqslant F,1\leqslant l\leqslant f$，

$G_f(1,\gamma)=\min\{G_{f-1}(l,\beta)+p_f\mid(l,\beta)\in A\},\quad 2\leqslant f\leqslant F,1\leqslant\gamma\leqslant n-1$，
其中 $A=\{(l,\beta)\mid 1\leqslant l\leqslant f-1,0\leqslant\beta\leqslant n-1,\gamma=\beta+V(G_{f-1}(l,\beta)-p_l,l),V(G_{f-1}(l,\beta),f)\geqslant 1\}$，

$$G_f(l,\gamma)=\min\{G_{f-1}(l,\gamma),\min\{G_{f-1}(l,\beta)+p_f\mid(l,\beta)\in B\}\},$$
$$2\leqslant f\leqslant F,1\leqslant l\leqslant f-1,1\leqslant\gamma\leqslant n-1,$$

而 $B=\{(l,\beta)\mid 0\leqslant\beta\leqslant n-1,\gamma=\beta+n_f,V(G_{f-1}(l,\beta)-p_l+p_f,l)\geqslant 1\}$。

算法：

步骤 1　计算 $G_F(l,\gamma)(1\leqslant f\leqslant F,1\leqslant\gamma\leqslant n-1)$，记录对应与每个 $G_F(l,\gamma)$ 的合格部分组序；

步骤 2　求 $\gamma^*+V(G_F(l^*,\gamma^*)-p_{l^*},l^*)=\max\{\gamma+G_F(l,\gamma)-p_l,l\mid(l,\gamma)\in C\}$，其中 $C=\{(l,\gamma)\mid 1\leqslant l\leqslant F,0\leqslant\gamma\leqslant n-1,G_F(l,\gamma)<\infty\}$；

步骤 3　把其他组以任意次序排在合格部分组序 $\boldsymbol{\pi}^*$ 后面得到最优序。

4.2.2　不受成组技术限制的成组排序问题

Monma and Potts[19]使用动态规划的方法研究了单台机器上的这类问题。给出了三个问题的多项式算法。下面分别加以介绍。

1. 带权总完工时间问题 $1\mid s_{fg},\mathrm{GT}\mid\sum w_jC_j$

每个组中工件按 WSPT 序排列，设 $G(a_1,a_2,\cdots,a_F,t,i)$ 是把包含组 $f(1\leqslant f\leqslant F)$ 中前 a_f 个工件排序满足最后一个工件是组 i 中，并且在时刻 t 完工的带权总完工时间的最小值。

递推公式为

$$G(a_1,a_2,\cdots,a_F,t,i)=\min_{1\leqslant j\leqslant F}\{G(b_1,b_2,\cdots,b_F,t',j)+w_{ia_i}t\},$$

其中

$$a_k = \begin{cases} b_k + 1, & k = i, \\ b_k, & \text{其他}; \end{cases}$$

$$t' = \begin{cases} t - p_{ia_i}, & j = i, \\ t - p_{ia_i} - s_{ji}, & \text{其他}. \end{cases}$$

初始条件为 $G(0,0,\cdots,0,t,i) = \begin{cases} 0, & t=0, i=0, \\ \infty, & \text{其他}. \end{cases}$

最优值为 $\min\limits_{1 \leqslant i \leqslant F} \min\limits_{1 \leqslant t \leqslant T} G(n_1, n_2, \cdots, n_F, t, i)$，其中 $T = \sum\limits_{f=1}^{F} \sum\limits_{j=1}^{n_f} p_j^f + \sum\limits_{f=1}^{F} n_f \max\{s_{fg}\}$ 是最大完工时间的一个上界。

2. 最大延迟问题 $1 \mid s_{fg} \mid L_{\max}$

每个组中工件按 EDD 序排列，设 $G(a_1, a_2, \cdots, a_F, t, i)$ 是把包含组 $f(1 \leqslant f \leqslant F)$ 中前 a_f 个工件排序满足最后一个工件是组 i 中并且在时刻 t 完工的最大延迟的最小值。

递推公式为

$$G(a_1, a_2, \cdots, a_F, t, i) = \min\limits_{1 \leqslant j \leqslant F} \{\max\{G(b_1, b_2, \cdots, b_F, t', j), t - d_{ia_i}\}\},$$

其中

$$a_k = \begin{cases} b_k + 1, & k = i, \\ b_k, & \text{其他}; \end{cases}$$

$$t' = \begin{cases} t - p_{ia_i}, & j = i, \\ t - p_{ia_i} - s_{ji}, & \text{其他}. \end{cases}$$

初始条件：

$$G(0,0,\cdots,0,t,i) = \begin{cases} 0, & t=0, i=0, \\ \infty, & \text{其他}. \end{cases}$$

最优值：

$$\min\limits_{1 \leqslant i \leqslant F} \min\limits_{1 \leqslant t \leqslant T} G(n_1, n_2, \cdots, n_F, t, i).$$

3. 带权误工问题 $1 \mid s_{fg}, \text{GT} \mid \sum w_j U_j$

每个组中工件按 EDD 规则排列，设 $G(a_1, a_2, \cdots, a_F, t, i)$ 是把包含组

$f(1 \leqslant f \leqslant F)$ 中前 a_f 个工件排序满足最后一个不误工的工件是组 i 中,并且在时刻 t 完工的带权误工工件个数的最小值。

递推公式为

$$G(a_1, a_2, \cdots, a_F, t, i) \begin{cases} \min\left\{ \min_{1 \leqslant j \leqslant F} \{G(b_1, b_2, \cdots, b_F, t', j)\}, \right. \\ \left. \qquad G(b_1, b_2, \cdots, b_F, t, i) + w_{ia_i} \right\}, & \text{若 } t \leqslant d_{ia_i}, \\ G(b_1, b_2, \cdots, b_F, t, i) + w_{ia_i}, & \text{若 } t > d_{ia_i}。 \end{cases}$$

其中 $a_k = \begin{cases} b_k + 1, & k = i, \\ b_k, & \text{其他,} \end{cases}$　$t' = \begin{cases} t - p_{ia_i}, & j = i, \\ t - p_{ia_i} - s_{ji}, & \text{其他。} \end{cases}$

初始条件:

$$G(0, 0, \cdots, 0, t, i) = \begin{cases} \sum_{f=1}^{F} \sum_{j=1}^{a_f} w_{fj}, & t = 0, i = 0, \\ \infty, & \text{其他。} \end{cases}$$

最优值:

$$\min_{1 \leqslant i \leqslant F} \min_{1 \leqslant t \leqslant T} G(n_1, n_2, \cdots, n_F, t, i)。$$

4.3　加工时间可控的排序问题

可控排序问题就是通过额外资源的增加,压缩或控制所加工工件的参数,包括工件的加工时间、交货期、就绪时间和权等,这时不但要考虑工件的加工次序,而且工件的参数也成为决策变量,需要决定。研究这类可控排序既要分析经典排序论中的目标函数(例如,带权总完工时间和总延误等),又要分析控制参数所需支付的额外费用的费用函数,因此可控排序问题实质上是一种多目标排序,我们除了将经典的排序目标函数作为优化的目标以外,还考虑将与这种目标函数本质上不同的控制(决策)变量的费用函数作为优化的目标。

在这节里我们考虑工件加工时间可控排序问题,即工件加工时间是决策变量,增加额外费用可以使工件的加工时间缩短,用三参数表示法,工件加工时间可控排序问题可以表示为 $1|\text{cpt}|\gamma$,其中 cpt 就是表示工件加工时间可控。

设有 n 个工件 $J = \{1, 2, \cdots, n\}$,m 台机器 $M = \{1, 2, \cdots, m\}$,每个工件 $j(j = 1, 2, \cdots, n)$ 在机器 $i(i = 1, 2, \cdots, m)$ 上的正常加工时间为 p_{ij},在机器 i 上的就绪时间为 r_{ij} 表示工件 j 在机器 i 上最早可以加工的时间。每个工件 $j(j = 1, 2, \cdots, n)$ 有给定的权 w_j 表示工件的重要性。如果工件之间有优先关系,则用

$i<j$ 表示工件 i 必须在工件 j 开始加工之前完成加工。在下面的讨论中假设工件所有的参数都是整数。工件加工时间可控方式如下[20]，若工件 j $(j=1,2,\cdots,m)$ 在机器 i $(i=1,2,\cdots,m)$ 上加工，则它的正常加工时间为 p_{ij}。如果工件 j 压缩其加工时间，则在机器 i 上加工时间的最大压缩量为 u_{ij} $(0\leqslant u_{ij}\leqslant p_{ij})$，工件 j 在机器 i 上加工时间的单位压缩费用为 c_{ij}。对于给定的一个排序，若工件 j 在机器 i 上加工，则用 t_{ij} $(0\leqslant t_{ij}\leqslant u_{ij})$ 表示工件 j 在机器 i 上加工时间的压缩量，用 $P_{ij}=p_{ij}-t_{ij}$ 表示工件 j 在机器 i 上的实际加工时间，用 C_j 表示工件 j 的完工时间。这时发生两种费用：一种是工件的完工费用，记为 $F_1(t,\pi)$，其中 t 是由分量 t_{ij} 构成的向量，π 是 n 个工件的一个排序；另一种是工件加工时间压缩的压缩费用，记为 $F_2(x)=\sum_{i=1}^{m}\sum_{j=1}^{n}c_{ij}t_{ij}$。完工费用 F_1 可以是经典排序问题中所讨论的目标函数，例如 $F_1\in\{f_{\max},\sum f_j\}$，其中 $f_{\max}=\max f_j(C_j)$，$\sum f_j=\sum f_j(C_j)$，并且 f_j 是 C_j 的非降函数。当 f_j 为 C_j，w_jC_j 或 T_j 时，F_1 分别是 $\sum C_j$，$\sum w_jC_j$，$C_{\max}$ 或 $T_{\max}$ 等。压缩费用 F_2 是与工件的加工次序无关的，是工件加工时间压缩量的非降函数，这是由问题的实际背景所决定的。

　　工件加工时间可控排序的雏形可以追溯到 1969 年 Lawler 和 Moore 的论文[21]。他们提出的模型是每个工件具有两种不同的加工时间，可以选择其中一种进行加工，当然工件选择不同的加工时间需要付出的加工费用也不相同。1980 年 Vickson[22][24] 第一次提出了可控(controllable)的概念，研究工件加工时间可控排序问题 $1\mid\text{cpt}\mid\sum c_jt_j+\sum w_jC_j$。

　　与经典的排序问题类似，只有很小一部分可控排序问题是在多项式时间内可解的，称为易控(tractable)[20] 问题。绝大多数的可控排序问题是 NP 难题，称为难控(intractable)[20] 问题。可控排序的研究主要有两个方面：对易控问题找出多项式时间算法；对难控问题设计性能良好的近似算法和进行最坏情况分析。Nowicki 和 Zdrzalka[20] 研究最大完工时间排序 $1\parallel C_{\max}$ 和 $1\mid r_j\mid C_{\max}$，最大延迟排序 $1\parallel L_{\max}$ 和 $1\mid r_j\mid L_{\max}$ 加工时间可控的问题。Vickson[22] 研究最大延误问题 $1\parallel T_{\max}$ 加工时间可控问题。黄婉珍、李善玲和唐国春[24] 研究带权误工工件数问题 $1\parallel\sum w_jU_j$ 加工时间可控的问题，提出求解问题的分支定界方法。对于离散加工时间的可控排序问题，陈志龙、陆清和唐国春[25] 给出了 NP 难问题 $1\mid r_j\mid C_{\max}$，$1\parallel T_{\max}$ 和 $1\parallel\sum w_jU_j$ 的可控排序的动态规划算法。Vickson[23] 研究带权完工时间排序 $1\parallel\sum w_jC_j$ 加工时间可控的问题，讨论最

优解的性质。Hoogveen 和 Woeginen(参见陈礴论文[26])证明了该问题是 NP 难的,张峰、陈峰和唐国春[27]用凸二次规划松弛方法给出这个问题的一个界为 3/2 的近似算法。孙世杰[28][29][30]研究问题 $1|r_j,p_j=1|C_{\max}$,$1|r_j,p_j=c_j=1|C_{\max}$ 以及问题 $1|r_j,p_j=c_j=1|\sum w_j C_j$ 的工件就绪时间可控的问题,得到了求解这三个问题的伪多项式算法。Nowicki 和 Zdrzalka[20]研究问题 $1|r_j|C_{\max}$ 的就绪时间可控的问题,给出一个紧界为 2 的近似算法。孙世杰和 Kibet[31]研究 $1|r_j,p_j=c_j=1|L_{\max}$ 交货期可控的问题。张峰和陈德伍[32]还对最大控制费用的误工问题、最大延误问题、最大延迟问题和最大完工时间问题的可控排序进行研究,证明这些问题都是多项式可解的。

对于工件加工时间可控排序,Nowicki 和 Zdrzalka[20]提出了四种模型。用 T 表示工件加工时间压缩向量 t 可能取值的全体,$\varPi$ 表示工件排序 $\boldsymbol{\pi}$ 的所有可能的全体,记 $F(x,\boldsymbol{\pi})$ 表示工件加工时间可控排序的总费用,即

$$F(t,\boldsymbol{\pi})=F_1(t,\boldsymbol{\pi})+F_2(t)。$$

工件加工时间可控排序问题(P1)模型:寻找 $t^*\in T$ 和 $\boldsymbol{\pi}^*\in\varPi$,使总费用 $F(t,\boldsymbol{\pi})$ 为最小:

$$F(t^*,\boldsymbol{\pi}^*)=\min\{F(t,\boldsymbol{\pi})\mid t\in T,\boldsymbol{\pi}\in\varPi\}。$$

工件加工时间可控排序问题(P2)模型:寻找 $t^*\in T$ 和 $\boldsymbol{\pi}^*\in\varPi$,使在有限的完工费用下使压缩费用 $F_2(t)$ 为最小:

$$F_2(t^*)=\min\{F_2(t)\mid F_1(t,\boldsymbol{\pi})\leqslant\tau,\quad t\in T,\boldsymbol{\pi}\in\varPi\},$$

其中 τ 是给定的常数。

工件加工时间可控排序问题(P3)模型:寻找 $t^*\in T$ 和 $\boldsymbol{\pi}^*\in\varPi$,使在有限的压缩费用下使完工费用 $F_1(x,\boldsymbol{\pi})$ 为最小:

$$F_1(t^*,\boldsymbol{\pi}^*)=\min\{F(t,\boldsymbol{\pi})\mid F_2(t)\leqslant\tau,\quad t\in T,\boldsymbol{\pi}\in\varPi\},$$

其中 τ 是给定的常数。

工件加工时间可控排序问题(P4)模型:寻找 $t^*\in T$ 和 $\boldsymbol{\pi}^*\in\varPi$,使

$$(F_1(t^*,\boldsymbol{\pi}^*),F_2(t^*))=\min\{F(x,\boldsymbol{\pi}),F_2(t)\mid t\in T,\boldsymbol{\pi}\in\varPi\},$$

这里目标最小化是指多目标规划有效解(非劣解)。

陈志龙、陆清和唐国春[25]做了这方面的研究。下面主要介绍他们其中的一个成果:问题 $1|r_j|C_{\max}$ 的 P1 可控排序的动态规划算法。这里 P1 可控排序指的是寻找 $(x^*,\boldsymbol{\pi}^*)\in(X,\varPi)$,使总费用 $F(x,\boldsymbol{\pi})$ 为最小,即:$F(x^*,\boldsymbol{\pi}^*)=\min\{F(x,\boldsymbol{\pi})\mid x\in X,\boldsymbol{\pi}\in\varPi\}$。

算法:把工件编号,使 $r_1\leqslant r_2\leqslant\cdots\leqslant r_n$,记 $t_{\max}=\max\left\{r_j+\sum_{i=j}^{n}p_{i1}\mid j=1,2,\cdots,n\right\}$,

设 $f(j,t)$ 是前 j 个工件 $J_1,J_2,\cdots,J_j$ 的加工时间在工件 J_j 的完工时间不超过 t 的情况下的最小的总费用。

递推方程:

对每个 $j=1,2,\cdots,n$ 和 $t=0,1,\cdots,t_{\max}$,有
$$f(j,t)=\min\{g_i(j,t)\mid i=1,2,\cdots,k\}.$$
若 $f(j,t)=g_i(j,t)$,则 $x_j=p_{ji}$,其中
$$g_i(j,t)=\begin{cases}f(j-1,t-p_{ji}), & \text{若 } t\geqslant r_j+p_{ji},\\ \infty, & \text{其他}.\end{cases}$$

初始条件:

对 $t=0,1,\cdots,t_{\max}$,有
$$f(1,t)=\begin{cases}c_{11}, & \text{若 } t\geqslant r_1+p_{11},\\ c_{1i}, & \text{若 } r_1+p_{1i}\leqslant t\leqslant r_1+p_{1(i-1)},2\leqslant i\leqslant k,\\ \infty, & \text{若 } t<r_1+p_{ik}.\end{cases}$$

最优值:
$$\min\{f(n,t)+t\mid t=0,1,\cdots,t_{\max}\}.$$

接下来我们着重讨论工件加工时间可控的分批排序问题。

设有 n 个工件要在一台机器上加工。工件 $i(i=1,2,\cdots,n)$ 的交货期是 $d_i(i=1,2,\cdots,n)$,并且每个工件 i 有 $h(h\geqslant1)$ 个可能的加工时间 $p_{i1},p_{i2},\cdots,p_{ih}$。不失一般性,可以假设 $p_{i1}\geqslant p_{i2}\geqslant\cdots\geqslant p_{ih}$。记加工时间 $p_{ij}(j=1,2,\cdots,h)$ 相应的控制费用是 c_{ij},并且假设有 $0\leqslant c_{i1}\leqslant c_{i2}\leqslant\cdots\leqslant c_{ih}$。一般来讲,要使工件在比较短的时间内完成加工,必须付出比较大的费用。所以,这个假设是会满足的。如果用 x_i 表示工件 i 的实际加工时间,那么 x_i 的取值是 $p_{ij}(j=1,2,\cdots,h)$ 中之一。我们进一步假设,所有工件都具有 h 个相同的加工时间,即 $p_{i1},p_{i2},\cdots,p_{ih}(i=1,2,\cdots,n)$ 分别等于 $p_1,p_2,\cdots,p_h$,并且每个加工时间对应一个控制费用,即 $c_{i1},c_{i2},\cdots,c_{ih}(i=1,2,\cdots,n)$ 分别等于 $c_1,c_2,\cdots,c_h$(这表示控制费用只与所选择的加工时间有关,与加工的是哪个工件无关)。由于工件有相同的加工时间,不妨假设工件是按交货期的非减序编号,即有 $d_1\leqslant d_2\leqslant\cdots\leqslant d_n$。

我们假设机器可以平行同时加工多达 B 个工件,批的加工时间等于这批工件中所有工件加工时间的最大者。优化的目标函数是两部分的总费用:一部分是经典的排序目标函数 f,称为排序(包括加工)费用(在本节中,f 是误工工件个数 $\sum U_j$ 或者是工件的最大延迟 $L_{\max}$);另一部分是控制工件的加工时间所需要的控制费用 $\sum_{i=1}^{n}\sum_{k=1}^{h}c_kI_k(x_i)$,其中 $I_k(x_i)=\begin{cases}1 & x_i=p_k,\\ 0 & \text{其他}.\end{cases}$ 我们的问题用

三参数表示法可以表示为 $1|B,\mathrm{dis\_cpt}|f+\sum\limits_{i=1}^{n}\sum\limits_{k=1}^{h}c_kI_k(x_i)$。这时,每个工件 i 有 $h+1$ 种可能的情况:工件 i 不误工,其加工时间为 $p_1,p_2,\cdots,p_h$ 中之一;或者工件 i 是误工的工件,其加工时间是 p_1(此时控制费用为最小)。当然,各批中的工件数不一定达到机器的最大容量 B,即每批工件不一定是"满"的。

下面我们给出最优解的性质:

引理 4.3　对于排序费用是误工工件数 $\sum U_j$,最大延迟 $L_{\max}$ 和工件的最后完工时间 $C_{\max}$ 这三个问题,存在最优排序,其在同一批中加工的工件的加工时间都相同。

证明:假定在一个最优排序中,在一批中的工件加工时间不相同,由于加工方式是平行同时加工,所以批的加工时间等于这批工件中所有工件加工时间的最大者。我们调整这批工件的加工时间,使它们的加工时间都等于该批中最大的加工时间,这样不会增加问题的排序费用,因为我们的控制费用 $c_1\leqslant c_2\leqslant\cdots\leqslant c_h$,所以,调整加工时间后,控制费用不会增加。如此,目标函数值不会增加,调整后仍然是最优排序。经过这样有限次调整,就可以使得每一批中的工件有相同的加工时间。

4.3.1　误工工件数问题 $1\mid B,\mathrm{dis\_cpt}\mid\sum U_j+\sum\limits_{i=1}^{n}\sum\limits_{k=1}^{h}c_kI_k(x_i)$

本节研究安排 n 个工件使误工工件个数 $\sum U_j$ 和控制费用 $\sum\limits_{i=1}^{n}\sum\limits_{k=1}^{h}c_kI_k(x_i)$ 的总和为最小的加工时间可控的分批排序问题。

我们说一个排序满足批 EDD 序[33],如果对排序中的任意两批工件 P 和 Q,P 在 Q 之前加工,那么不存在 P 和 Q 中的一对工件 $i,j,i\in P,j\in Q$,而 $d_i>d_j$。

引理 4.4　对于问题 $1\mid B,\mathrm{dis\_cpt}\mid\sum U_j+\sum\limits_{i=1}^{n}\sum\limits_{k=1}^{h}c_kI_k(x_i)$,存在最优排序,使得所有误工工件都在不误工的工件之后加工。

证明:令 π 是问题的一个最优排序。E 是不误工的工件组成的集合,L 是误工工件集。如果 L 中有工件 j 在 E 中工件之前加工,对 π 进行调整,把工件 j 放在最后加工,并保持其他所有工件的加工时间和相对次序。这样做不会使 E 中工件的完工时间增加,也就不会使目标函数增加,π 仍然是最优排序。经过多次这样的调整可以得到最优排序,使所有误工工件都在不误工的工件之后加工。

　　根据引理 4.4 可以把最优排序分成前后两部分，前面是不误工的工件组成的批，后面都是误工的工件。

　　引理 4.5　对于问题 $1 \mid B, \text{dis\_cpt} \mid \sum U_j + \sum_{i=1}^{n} \sum_{k=1}^{h} c_k I_k(x_i)$，存在最优排序，使得不误工的工件按批 EDD 序排列。

　　证明：令 π 是问题的一个最优排序，而且满足引理 4.3 和引理 4.4 的性质。假设在 π 中有两个不误工工件的批 P 和 Q，P 在 Q 之前加工，存在 P 和 Q 中的一对工件 i 和 j，有 $i \in P, j \in Q, d_i > d_j$。记批 P 和 Q 的完工时间分别为 $C(P)$ 和 $C(Q)$。我们把工件 i 与工件 j 的位置互换，即使得 $j \in P, i \in Q$。根据引理 4.3 的性质，交换后，工件 i 和工件 j 的加工时间可分别控制为交换前工件 j 和工件 i 的加工时间，这样保证了交换后所有工件的控制费用不发生变化，并且批 P 和 Q 的完工时间也不改变。交换前工件 j 在 $C(Q)$ 时刻不误工，所以交换后在 $C(P)$ 时刻完工仍不会误工。又因为 $d_i > d_j$，所以工件 i 在 $C(Q)$ 时刻完工也不会误工。由于批 P 和 Q 的完工时间没有改变，这两批中的其他工件也不会误工。这样，交换后目标函数值没有增加，仍然是最优排序。经过多次这样的调整可以得到最优排序，使得不误工的工件按批 EDD 序排列。

　　引理 4.6　对于问题 $1 \mid B, \text{dis\_cpt} \mid \sum U_j + \sum_{i=1}^{n} \sum_{k=1}^{h} c_k I_k(x_i)$，存在最优排序，使得不误工的批中工件的下标是连续的。

　　证明：如果在最优排序的一个不误工的批 P 中，有工件 i 和工件 $i+2$，而没有工件 $i+1$，由引理 4.5 可知，工件 $i+1$ 一定是误工的工件，因为如果它不误工，而是在另外的不误工的批中间，那就破坏了批 EDD 序性质。我们交换工件 i 和工件 $i+1$ 在最优排序中的位置，加工时间也分别改变为对方的加工时间。由于 $d_i \leqslant d_{i+1}$，所以工件 $i+1$ 不会误工。这样，交换后目标函数没有增加仍然是最优排序。经过多次这样的调整可以得到最优排序，使得不误工的批中工件的下标是连续的。

　　下面我们提出问题 $1 \mid B, \text{dis\_cpt} \mid \sum U_j + \sum_{i=1}^{n} \sum_{k=1}^{h} c_k I_k(x_i)$ 的动态规划算法，可以得到满足引理 4.3～引理 4.6 性质的最优排序：

　　指标函数 $f(j, t)$ 是最后一批不误工工件中完工时间是 t 时安排工件 $1, 2, \cdots, j$ 的最小总费用。

　　递推方程：

$$f(j, t)$$
$$= \min\{ \min_{1 \leqslant k \leqslant B} \{f_k(j, t)\}, f(j-1, t) + c_1 + 1\}, \quad j = 1, 2, \cdots, n; t = 0, 1, \cdots, np_1,$$

其中

$$f_k(j,t) = \begin{cases} \min_{1 \leqslant i \leqslant h} \{f(j-k,t-p_i)+kc_i\}, & t \leqslant d_{j-k+1}, \\ \infty, & \text{否则} \end{cases}$$

是最后一批不误工工件中有 k 个工件,并且完工时间是 t 时安排工件 $1,2,\cdots,j$ 的最小总费用。

边界条件:

$$f(1,t) = \begin{cases} 1+c_1, & t=0, \\ c_j, & t=p_j \leqslant d_1, 1 \leqslant j \leqslant h, \\ \infty, & \text{其他}, \end{cases}$$

$$f(j,t) = \infty, \quad (j=1,\cdots,n; t<0)。$$

最优值:

$$\min\{f(n,t) \mid t=0,1,\cdots,np_1\}。$$

定理 4.3　上述算法是问题 $1 \mid B,\text{dis\_cpt} \mid \sum U_j + \sum_{i=1}^{n} \sum_{k=1}^{h} c_k I_k(x_i)$ 的最优算法,时间复杂性是 $O(n^2 Bhp_1)$。

证明:在由工件 $1,2,\cdots,j$ 组成的排序中,如果工件 j 误工,不误工工件的最后完工时间为 t,那么有 $f(j,t) = f(j-1,t)+c_1+1$;如果工件 j 不误工,则根据引理 4.5 可知,j 一定在不误工工件的最后一批。而引理 4.6 又表明,最后一批不误工的工件是 $k(1 \leqslant k \leqslant B)$ 个连续的工件。因此,有 $f(j,t) = \min\{\min_{1 \leqslant k \leqslant B}\{f_k(j,t)\}, f(j-1,t)+c_1+1\}$ $(j=1,2,\cdots,n; t=0,1,\cdots,np_1)$。

在此算法中,共有 $n^2 p_1$ 个状态,每个状态需要经过 $O(Bh)$ 次计算,所以该算法的时间复杂性为 $O(n^2 Bhp_1)$。

4.3.2　最大延迟问题 $1 \mid B,\text{dis\_cpt} \mid L_{\max} + \sum_{i=1}^{n} \sum_{k=1}^{h} c_k I_k(x_i)$

本小节研究安排 n 个工件,使最大延迟 $L_{\max}$ 和控制费用 $\sum_{i=1}^{n} \sum_{k=1}^{h} c_k I_k(x_i)$ 的总和最小的加工时间可控的分批排序问题。

引理 4.7　对问题 $1 \mid B,\text{dis\_cpt} \mid L_{\max} + \sum_{i=1}^{n} \sum_{k=1}^{h} c_k I_k(x_i)$,存在最优排序,使得所有工件按批 EDD 序排列。

这个性质的证明与引理 4.5 的证明过程类似,这里就省略了。下面我们提

出问题 $1\mid B,\mathrm{dis\_cpt}\mid L_{\max}+\sum\limits_{i=1}^{n}\sum\limits_{k=1}^{h}c_{k}I_{k}(x_{i})$ 的动态规划算法,可以得到满足引理 4.3 和引理 4.7 性质的最优排序:

指标函数 $g(j,t)$ 是最后一批工件中的完工时间是 t 时,安排工件 $1,2,\cdots,j$ 的最小总费用。

递推方程:

$$g(j,t)=\min_{1\leqslant k\leqslant\min\{j,B\}}\{g_{k}(j,t)\}, \quad t=0,1,\cdots,np_{1},$$

其中

$$g_{k}(j,t)=\min_{1\leqslant i\leqslant h}\{\max\{f(j-k,t-p_{i}),t-d_{j-k+1}\}+kc_{i}\}$$

是最后一批工件中有 k 个工件,并且完工时间是 t 时安排工件 $1,2,\cdots,j$ 的最小总费用,这里

$$f(j,t)=\min_{1\leqslant k\leqslant\min\{j,B\}}\{f_{k}(j,t)\}$$

是最后一批工件的完工时间是 t 时安排工件 $1,2,\cdots,j$ 的最大延迟,其中

$$f_{k}(j,t)=\min_{1\leqslant i\leqslant h}\{\max\{f(j-k,t-p_{i}),t-d_{j-k+1}\}\}$$

是最后一批工件中有 k 个工件,并且完工时间是 t 时安排工件 $1,2,\cdots,j$ 的最大延迟。

边界条件:

$$f(0,t)=\begin{cases}0, & t=0,\\ \infty, & \text{其他},\end{cases}$$

$$f(1,t)=\begin{cases}t-d_{1}, & t=p_{i}, \quad i=1,2,\cdots,h,\\ \infty, & \text{其他},\end{cases}$$

$$f(j,t)=\infty, \quad j=1,2,\cdots,n;t<p_{h}.$$

最优值:

$$\min\{g(n,t)\mid g(n,t)<\infty\}.$$

在这个算法中,尽管指标函数是 $g(j,t)$,但它的值由 $f(j,t)$ 确定,所以,边界条件是 $f(j,t)$ 的值而不是 $g(j,t)$ 的值。

定理 4.4 上述算法是问题 $1\mid B,\mathrm{dis\_cpt}\mid L_{\max}+\sum\limits_{i=1}^{n}\sum\limits_{k=1}^{h}c_{k}I_{k}(x_{i})$ 的最优算法,时间复杂性是 $O(n^{2}p_{1}B^{2}h)$。

证明:本算法根据引理 4.3 和引理 4.7 中描述的最优排序的性质,在所有满足性质的可行解中利用动态规划的迭代过程找出使目标函数达到最小的解,因此是该问题的最优算法。在本算法中共有 $O(n^{2}p_{1})$ 个状态,每个状态需要计算 $O(B^{2}h)$ 次,所以该算法的复杂性为 $O(n^{2}p_{1}B^{2}h)$。

4.3.3 最大完工时间问题 $1 \mid B, \text{dis\_cpt} \mid C_{\max} + \sum\limits_{i=1}^{n} \sum\limits_{k=1}^{h} c_k I_k(x_i)$

对于工件的加工时间可控排序问题 $1 \mid B, \text{dis\_cpt} \mid C_{\max} + \sum\limits_{i=1}^{n} \sum\limits_{k=1}^{h} c_k I_k(x_i)$，很显然，可以看作有 n 个完全相同的工件等待加工。尽管问题 $1 \mid B \mid C_{\max}$ 的最优排序符合 FBLPT 规则，但在工件加工时间可控的条件下，各批不一定是"满"的。因此，我们需要对如何分批以及如何控制工件的加工时间进行决策。首先对工件任意编号。动态规划算法如下：

指标函数 $f(j, t)$ 表示安排工件 $1, 2, \cdots, j$，最后一批工件的完工时间为 t 时的总费用的最小值。

递推方程：

$$f(j, t) = t + \min_{1 \leqslant k \leqslant \min\{j, B\}} \{c_k(j, t)\}, \quad t = 0, 1, \cdots, np_1,$$

其中 $c_k(j, t)$ 表示安排工件 $1, 2, \cdots, j$，最后一批共有 k 个工件，即最后一批加工的工件为 $(j-k+1, j-k+2, \cdots, j)$，最后完工时间为 t 时的控制费用；

$$c_k(j, t) = \min_{1 \leqslant i \leqslant h} \{c(j-k, t-p_i) + k c_i\}.$$

边界条件：

$$c(0, 0) = 0,$$

$$c(1, t) = \begin{cases} c_i, & t = p_i, \quad i = 1, 2, \cdots, h, \\ \infty, & \text{否则}, \end{cases}$$

$$f(j, t) = \infty, \quad j = 1, 2, \cdots, n; t < 0.$$

最优值：

$$\min\{f(n, t) \mid t = 0, 1, \cdots, np_1\}.$$

定理 4.5 上述算法是问题 $1 \mid B, \text{dis\_cpt} \mid C_{\max} + \sum\limits_{i=1}^{n} \sum\limits_{k=1}^{h} c_k I_k(x_i)$ 的最优算法，时间复杂性是 $O(n^2 p_1 B^2 h)$。

证明： 根据动态规划算法的迭代过程可知，此动态规划算法是在问题的所有可行解中找出使目标函数值达到最小的解，因此是最优算法。在算法中，共有 $n^2 p_1$ 个状态，每个状态需要经过 $O(Bh)$ 次计算，所以该算法的时间复杂性为 $O(n^2 Bh p_1)$。

4.4　工件可拒绝排序问题

工件可拒绝排序问题比较早的研究有 1996 年 Bartal 等的研究[34]，但是他们的成果直到 2000 年才正式发表。之后，1998 年 Engles 等[35] 和 Hoogeveen 等[36] 进一步研究这类问题。张峰[37][38] 应用线性规划松弛方法设计了求解排序问题 $1 \mid \text{rej} \mid \sum_{j \in \bar{S}} e_j + \sum_{j \in S} w_j C_j$ 的 3 近似算法、求解问题 $1 \mid \text{rej}$，$\text{prec} \mid \sum_{j \in \bar{S}} e_j + \sum_{j \in S} w_j C_j$ 的 4 近似算法与 3.165 近似算法，以及用凸二次规划与凸规划的方法得到问题 $1 \mid \text{rej} \mid \sum_{j \in \bar{S}} e_j + \sum_{j \in S} w_j C_j$ 随机 2 近似算法与随机 3/2 近似算法。

记 $J = \{1, 2, \cdots, n\}$ 是工件集合，工件 $j (j = 1, 2, \cdots, n)$ 的加工时间为 $p_j \geqslant 0$，权为 $w_j \geqslant 0$，拒绝费用（拒绝惩罚）为 $e_j \geqslant 0$，在我们的讨论中假设工件所有的参数都是整数。对于工件 $j (j = 1, 2, \cdots, n)$，若我们接受工件 j 加工，则该工件的加工时间是 p_j，并用 C_j 表示工件的完工时间；若拒绝工件 j 加工，则我们需付出拒绝费用 e_j。设 $S \subseteq J$ 表示所有被加工工件的集合，则 $\bar{S} = J \setminus S$ 表示所有被拒绝加工的工件的集合，这时会出现两种费用：一种是工件的完工费用，记为 $F_1(S, \boldsymbol{\pi}(S))$，其中 $\boldsymbol{\pi}(S)$ 是 S 中工件的一个排序；另一种是工件的拒绝费用，记为 $F_2(\bar{S}) = \sum_{j \in \bar{S}} e_j$，完工费用 F_1 可以是经典排序中所讨论的目标函数，例如有 $F_1 \in \{f_{\max}, \sum f_j\}$，其中 $f_{\max} = \max f_j(C_j)$，$\sum f_j = \sum f_j(C_j)$，并且规定 f_j 是 C_j 的非降函数，当 f_j 为 C_j，$w_j C_j$，T_j 时，F_1 分别是 $\sum C_j$，$\sum w_j C_j$，$C_{\max}$ 或 $T_{\max}$。

工件可拒绝排序问题类似于可控排序问题，我们也可以提出四种有关工件可拒绝排序问题的模型。设 $B(J)$ 是集合 J 的幂集，即集合 J 的所有子集，Π^S 表示 S 中工件所有排序，设 $F(S, \boldsymbol{\pi}(S))$ 表示工件可拒绝排序问题的总费用，即完工费用 $F_1(S, \boldsymbol{\pi}(S))$ 和拒绝费用 $F_2(\bar{S})$ 之和：

$$F(S, \boldsymbol{\pi}(S)) = F_1(S, \boldsymbol{\pi}(S)) + F_2(\bar{S})。$$

工件可拒绝排序问题(P1)模型：寻找接受加工的工件集合 S^* 和 S^* 中工件的加工次序 $\boldsymbol{\pi}^*(S^*)$，使总费用 $F(S^*, \boldsymbol{\pi}^*(S^*))$ 为最小：

$$F(S^*, \boldsymbol{\pi}^*(S^*)) = \min\{F(S, \boldsymbol{\pi}(S)) \mid S \in B(J), \boldsymbol{\pi}(S) \in \Pi^S\}。$$

工件可拒绝排序问题(P2)模型：在有限的完工费用下使拒绝费用 $F_2(\bar{S})$

最小,即确定被拒绝加工的工件集合 $\overline{S}^{*}$,使:

$$F_2(\overline{S}^{*})=\min\{F_2(\overline{S}) \mid F_1(S,\boldsymbol{\pi}(S))\leqslant \tau,S\in B(J),\boldsymbol{\pi}(S)\in \Pi^S\},$$

其中 τ 是给定的常数。

工件可拒绝排序问题(P3)模型:在有限的拒绝费用下使完工费用 $F_1(S,\boldsymbol{\pi}(S))$ 最小,即确定接受加工的工件集合 S^{*} 和 S^{*} 中工件的加工次序 $\boldsymbol{\pi}^{*}(S^{*})$,使:

$$F_1(S^{*},\boldsymbol{\pi}^{*}(S^{*}))=\min\{F_1(S,\boldsymbol{\pi}(S)) \mid F_2(\overline{S})\leqslant \tau,S\in B(J),\boldsymbol{\pi}(S)\in \Pi^S\},$$

其中 τ 是给定的常数。

工件可拒绝排序问题(P4)模型:两个目标$(F_1(S,\boldsymbol{\pi}(S)),F_2(\overline{S}))$的多目标规划问题,即确定接受加工的工件集合 S^{*} 和 S^{*} 中工件的加工次序 $\boldsymbol{\pi}^{*}(S^{*})$,使:

$$(F_1(S^{*},\boldsymbol{\pi}^{*}(S^{*})),F_2(\overline{S}^{*}))$$
$$=\min\{(F_1(S,\boldsymbol{\pi}(S)),F_2(\overline{S})) \mid S\in B(J),\boldsymbol{\pi}(S)\in \Pi^S\},$$

这里目标最小化是指多目标规划有效解(非劣解)。

显然,工件可拒绝排序问题(P1)模型、(P2)模型和(P3)模型的最优解 $(S^{*},\boldsymbol{\pi}^{*}(S^{*}))$ 一定是(P4)模型的有效解。因此如果能找出工件可拒绝排序问题(P4)模型的所有有效解,相应的(P1)、(P2)和(P3)模型也就可以解决了。然而要找出工件可拒绝排序问题(P4)模型的所有有效解是非常困难的,有时所有有效解的个数就是问题本身的指数规模。在本节,我们将讨论工件可拒绝排序问题(P1)模型,考虑的完工费用分别是最后完工时间 $C_{\max}$ 和带权总完工时间。

4.4.1　工件可拒绝的分批排序问题 $1\mid \mathrm{rej},B\mid \sum_{j\in \overline{S}}e_j+C_{\max}$

这一小节,我们在工件可以同时加工的条件下讨论工件可拒绝的排序问题。我们研究批处理机的容量有限的情况,完工费用是被接受工件的最后完工时间。对于工件不可拒绝的分批排序问题 $1\mid B\mid C_{\max}$,有多项式时间的算法 FBLPT(full batch longest processing time)算法[39],如 FBLPT 算法:

步骤 1　把工件按加工时间非增的次序编号使 $p_1\geqslant p_2\geqslant \cdots \geqslant p_n$;

步骤 2　对于 $i=0,1,\cdots,\left\lfloor \dfrac{n}{B}\right\rfloor$,把编号为 $iB+1$ 到 $(i+1)B$ 的工件放在同一批中加工,其中$\lfloor x\rfloor$表示小于等于 x 的最大整数;

步骤 3　任意安排各批的次序。

由上面的 FBLPT 算法可知,n 个工件可以分成 $\left\lfloor \dfrac{n}{B}\right\rfloor$ 或 $\left\lfloor \dfrac{n}{B}\right\rfloor +1$ 批,除最后

一批可能不满外,其余的批都是满的。因此,对于工件可拒绝的分批排序问题,我们有以下的结论:

引理 4.8 对于问题 $1\,|\,\mathrm{rej}\,,B\;|\;\sum\limits_{j\in\bar{S}}e_j+C_{\max}$,存在最优排序,使得批处理机只有在加工最后一批工件时有可能不是满批,并且被接受的工件满足 FBLPT 序。

根据引理 4.8,我们首先对工件进行编号 $(1,2,\cdots,n)$,使得它们的加工时间满足 $p_1\geqslant p_2\geqslant\cdots\geqslant p_n$。

下面我们给出问题 $1\,|\,\mathrm{rej}\,,B\;|\;\sum\limits_{j\in\bar{S}}e_j+C_{\max}$ 的动态规划算法:

指标函数 $f(j)$ 表示安排工件 $1,2,\cdots,j$ 的总费用的最小值。

递推方程:
$$f(j)=\min\{f(j-1)+e_j,\ \min_{1\leqslant k\leqslant j}f_k(j)\},\quad j=1,2,\cdots,n,$$
其中
$$f_k(j)=\begin{cases}f(j-1)+p_j,&\text{如果}(k-1)\bmod B=0,\\f(j-1),&\text{否则}\end{cases}$$
表示工件 j 被接受,并且在工件 $1,2,\cdots,n$ 中共有 $(j-k)$ 个工件被拒绝加工时的总费用。

边界条件:
$$f(0)-0。$$

最优值:
$$f(n)。$$

定理 4.6 上面的算法是问题 $1\,|\,\mathrm{rej}\,,B\;|\;\sum\limits_{j\in\bar{S}}e_j+C_{\max}$ 的最优算法,算法的时间复杂性为 $O(n^2)$。

证明:根据引理 4.9 及动态规划的迭代过程可知,算法在所有满足最优性质的解中找出使目标函数最小的解,因此是问题 $1\,|\,\mathrm{rej}\,,B\;|\;\sum\limits_{j\in\bar{S}}e_j+C_{\max}$ 的最优算法。在动态规划算法执行的过程中,共有 $O(n)$ 个状态,每个状态计算需要用时 $O(n)$,所以该算法的计算复杂性为 $O(n^2)$。

4.4.2　带权总完工时间排序问题 $1\,|\,\mathrm{rej}\,|\sum\limits_{j\in\bar{S}}e_j+\sum\limits_{j\in S}w_jC_j$

本节研究安排 n 个工件,使接受加工工件的带权总完工时间 $\sum\limits_{j\in S}w_jC_j$ 和

拒绝费用 $\sum\limits_{j\in\bar{S}}e_j$ 的总和为最小的可拒绝排序问题。Engels 等[35]证明了这一问题是 NP 难的。我们用动态规划的方法进行求解。

引理 4.9　对于问题 $1\mid\text{rej}\mid\sum\limits_{j\in\bar{S}}e_j+\sum\limits_{j\in S}w_jC_j$，存在最优排序，使得被接受的工件满足 WSPT(Weighted Shortest Processing Times)序。

在经典排序中，我们知道根据 Smith 法则[40]，WSPT 序使单台机器排序问题的带权总完工时间最小。因此，工件可拒绝排序问题 $1\mid\text{rej}\mid\sum\limits_{j\in\bar{S}}e_j+\sum\limits_{j\in S}w_jC_j$ 的最优排序中，被接受的工件一定也满足 WSPT 序。我们将工件标号，使得它们满足 $(1,2,\cdots,n)$ 是 WSPT 序，即工件满足 $\dfrac{p_1}{w_1}\leqslant\dfrac{p_2}{w_2}\leqslant\cdots\leqslant\dfrac{p_n}{w_n}$。

下面的动态规划算法能够得到满足引理 4.8 的性质的最优排序：

指标函数 $f(j,t)$ 表示安排工件 $1,2,\cdots,j$，并且被接受工件的最后完工时间是 t 时，总费用的最小值。

递推方程：
$$f(j,t)=\min\{f(j-1,t)+e_j,\,f(j-1,t-p_j)+w_jt\},$$
$$j=1,2,\cdots,n;\,t=1,2,\cdots,P,$$

其中 $P=\sum\limits_{j=1}^{n}p_j$。

边界条件：
$$f(1,t)=\begin{cases}e_1, & \text{如果 } t=0,\\ w_1t, & \text{如果 } t=p_1,\\ \infty, & \text{其他},\end{cases}$$
$$f(j,t)=\infty,\quad j=1,2,\cdots,n;t<0。$$

最优值：
$$\min\{f(n,t)\mid t=0,1,\cdots,P\}。$$

定理 4.7　上述动态规划算法是问题 $1\mid\text{rej}\mid\sum\limits_{j\in\bar{S}}e_j+\sum\limits_{j\in S}w_jC_j$ 的最优算法，该算法的时间复杂性是 $O(nP)$。

证明：在由工件 $1,2,\cdots,j$ 组成的排序中，如果工件 j 被接受加工，则在当前状态下，所有被接受工件的最后完工时间为 t，那么有 $f(j,t)=f(j-1,t-p_j)+$

$w_j t$；如果工件 j 被拒绝，则有 $f(j,t)=f(j-1,t)+e_j$。因此，上述算法利用动态规划的迭代过程，在所有满足最优性质的可行解中找到使目标函数值达到最小的解，因此是问题 $1\mid \mathrm{rej}\mid \sum_{j\in \bar{S}}e_j+\sum_{j\in S}w_j C_j$ 的最优算法。该算法执行过程中，共有 $O(nP)$ 个状态，每个状态计算需要的时间是一个常数，因此算法总的时间复杂性为 $O(nP)$，这是一个伪多项式时间的算法。

第 5 章　供应链排序问题

5.1　供应链排序问题简介及数学模型

从最开始的经典排序发展到新型排序,排序问题的研究一直是随着生产模式的发展而发展,与生产实际相适应的。随着科学技术和新经济的兴起,消费者需求的多样化等经济大环境的改变,企业面临的市场竞争发生了许多变化,企业如何在激烈的市场竞争中取得竞争优势,成为学术界和企业界研究的主要课题。企业需要通过供应链协作和业务外包,发展自己的核心竞争力。因此,近年来供应链管理成为制造领域的研究热点,它主要涉及以下领域:供应管理(supply management);生产计划(production schedule plan);物流管理(logistics management);需求管理(demand management)。供应链是围绕核心企业,通过对信息流、物流和资金流的控制,从采购原材料开始,然后得到中间产品(或者服务)和最终产品(或者服务),最后由销售网络把产品(或者服务)送到客户手中,由供应商、制造商、分销商、零售商直到客户形成的网链结构[41]。这个网链结构的设计、协调、优化是供应链管理的主要任务。简言之,供应链管理就是供应链的优化。在过去的十多年里,供应链管理受到越来越多的重视。以往主要是在宏观角度对供应链管理做出战略上的研究,如采购与库存的模式、配送系统的规划、供应链的绩效评价等。供应链管理的综述文献,见 Thomas 和 Griffin[42],他们强调供应链管理问题的重要性,指出美国国民生产总值的 11% 以上都用于非军事物流的花费上。此外,对于许多产品而言,物流的花费甚至占到了其销售成本的 30% 以上。在论文的结论部分,他们提出,为了实现对供应链更好的管理,需要从具体操作的层面、而不是战略的层面,使用确定性模型、而不是随机性模型来研究供应链问题。正因为如此,近几年来供应链排序问题成为供应链管理中一个非常重要的课题,是当前管理科学的前沿问题和研究热点。Sarmiento 和 Nagi[43] 以及 Erenguc 等[44] 综述了集成生产和配送模型等方面的文献,强调供应链运营方面的问题,指出适合使用数学模型的情形,提出在加工和配送阶段进行同时决策的需要。

首先从具体的操作层面对供应链展开研究的是 Hall 和 Potts[45]。Hall 和

Potts 撰写的这篇文献是国际上第一篇系统阐述供应链排序的文献。他们提出供应链排序(supply chain scheduling)这一概念,将排序理论应用于供应链管理,集成研究生产调度和分批发送两个阶段的问题。文章分别从单个供应商的角度和单个制造商的角度,集成研究不同排序目标与发送的问题,建立了数学模型,证明了一些问题的 NP 难性质,对另一些问题提出了多项式时间的动态规划算法。另外还研究了在供应商和制造商合作的条件下使系统总费用为最小的问题。研究表明"供应商和制造商之间的合作可以使整个系统的费用按照不同排序目标至少减少 20%或 25%,甚至达到 100%"。

在供应链中,运送货物的车辆的装载能力都是有限的,为了节约资源,节省发送费用,可以把发送给同一个客户的货物分批加工及发送。批处理是重要的加工方式,即当不同工件放在同一批中加工时,只有最后一个工件加工完成后,整批工件对于后面的加工或发送才可用。如 4.1 节所述,根据成批加工方式不同,一批的加工时间有两种计算方法,分别称为平行批和系列批。对这一类问题,有两个假设可选择。第一个是批的可用性,是指只有当一个工件(货物)所在的批全部加工完毕后这个工件对于后面的加工或者发送给顾客才是可用的。第二个是工件的可用性,是指一旦一个工件被加工完,它就是可用的,本节采用批可用性的假设。关于把货物成批发送给顾客方面的研究还很有限。Cheng 等[46]考虑单台机器分批排序问题,目标是使分批发送的费用加上工件提前完工的惩罚为最小;Yang[47]研究各批发送时间给定的模型;Lee 和 Chen[48]考虑带有运输时间的排序决策问题,研究一些相关模型的可解性;Hall 等[49]研究工件加工完成后只能在固定的几个时刻送货的问题;Li 等[50]研究一个制造商为多个顾客加工发送货物时考虑运输路线的问题;Chen[51]研究一个制造商为多个顾客供货的问题,优化的目标为制造商的费用和顾客的满意程度的组合,并考虑运送路线的选择问题,增加了运送时间这个条件,使研究的问题更贴近实际情况,对不同目标的问题分别给出动态规划或基于动态规划的算法。在 Potts 和 Van Wassenhove[52]、Webster 和 Baker[53]、Potts 和 Kovalyov[54]的文章中可以找到更详细的综述。

文献表明,现有供应链排序研究多数针对一个供应商(或制造商)的供应链,多供应商(制造商)的供应链排序问题研究尚不多见。在全球经济一体化的环境下,单个企业难以与已形成规模的其他外国企业竞争,合作策略越来越体现出它的重要性和必要性,出现供应链战略联盟。通过多个企业之间结成优势互补的网络结构,降低整个系统的总成本,以达到"共赢"的目的。因此,对多供应商(制造商)的供应链进行研究更具有现实意义。

供应链排序可以表述如下：给定 K 个供应商 $S_i(i=1,2,\cdots,K)$，G 个制造商 $M_i(i=1,2,\cdots,G)$ 和 H 个客户 $C_i(i=1,2,\cdots,H)$。当 $K=1$ 时，将供应链称为树状供应链；当 $K>1$ 时，称为网状供应链。在各种供应链中，都可以按照决策者的角度不同，研究三类问题，分别叫作供应商阶段问题、制造商阶段问题和联合问题。在供应商问题中，供应商 $S_i(i=1,2,\cdots,K)$ 要将 n^S 个工件在机器(在本文中，供应商的机器是单机或平行机)上进行排序，每个工件要为 G 个制造商 $M_1,M_2,\cdots,M_G$ 中的一个加工，为每个制造商加工的工件都分成批进行发送。图 5-1 表明了树状供应链中的供应商问题，其中"※"表示需要由供应商做决策进行排序、分批和发送。在网状供应链中，多个供应商要联合进行决策，以使总的费用最省，图 5-2 表明了网状供应链中的供应商问题。

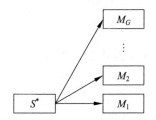
图 5-1　树状供应链供应商问题模型

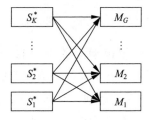
图 5-2　网状供应链供应商问题模型

类似地，在制造商问题中，制造商把从供应商处得到的工件在机器上加工成 n^M 个工件供给顾客 $C_1,C_2,\cdots,C_H$，这些工件分批发送给各个顾客，如图 5-3 和图 5-4 所示。在树状供应链中，只考虑单个制造商(不失一般性，我们设为 M_1)的决策问题。在网状供应链中，多个制造商要联合进行决策，以使总的费用最省。最后，在联合问题中，我们要找到一个对供应商和制造商的整体排序，以确定从供应商发送给每个制造商以及从制造商发送给顾客的工件批，图 5-5 表明了树状联合问题的结构。

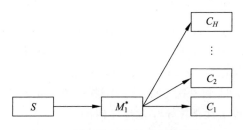
图 5-3　树状供应链制造商问题模型

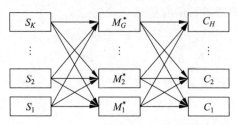

图 5-4　网状供应链制造商问题模型

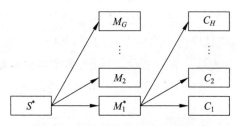

图 5-5　树状供应链联合问题模型

下面介绍模型中的参数符号。在树状供应链中的供应商阶段,我们用 $(1,g),(2,g),\cdots,(n_g,g)$ 表示为制造商 M_g 加工的工件,$g=1,2,\cdots,G$,工件 (j,g) 在机器上的加工时间为 p_{jg}^s,$j=1,2,\cdots,n_g$。在某些问题中,工件 (j,g) 具有权 w_{jg}^s 及交货期 d_{jg}^s。假定在开始加工前,工件都已经就绪,即这些工件在时刻零就可以开始加工。对制造商阶段问题,工件集记为 $N^M=\{1,2,\cdots,n^M\}$。顾客 C_h 的工件记为 $(1,h),(2,h),\cdots,(n_h,h)$,$h=1,2,\cdots,H$。工件 (j,h) 的加工时间为 p_{jh}^M,权为 w_{jh}^M,交货期为 d_{jh}^M,$j=1,2,\cdots,n_h$,工件 (j,h) 从供应商处发送到制造商处的时间定义为它的就绪时间 r_{jh}^M,即制造商可对其开始进行加工的最早时间。令 P 代表一个具体问题中的全体工件加工时间之和 $P^S=\sum_{g=1}^{G}\sum_{j=1}^{n_g}p_{jg}^S$,$P^M=\sum_{h=1}^{H}\sum_{j=1}^{n_h}p_{jh}^M$。类似地,$W^S=\sum_{g=1}^{G}\sum_{j=1}^{n_g}w_{jg}^S$,$W^M=\sum_{h=1}^{H}\sum_{j=1}^{n_h}w_{jh}^M$。如果一组工件同时从供应商 S 处发送给同一个制造商,那么这些工件形成一批,用 $D_g(g=1,2,\cdots,G)$ 表示从供应商 S 处发送一批工件给制造商 M_g 的(非负)费用,一批最大的发送能力用 c 表示。类似地,制造商 M_1 发送一批工件给顾客的费用记为 $D_h(h=1,2,\cdots,H)$。

记 $\boldsymbol{\sigma}$ 是供应商加工和发送工件的一个排序,有如下定义:

$C_j^S(\boldsymbol{\sigma})$ 表示工件 j 在排序 $\boldsymbol{\sigma}$ 中的完工时间;

$F_j^S(\boldsymbol{\sigma})=C_j^S(\boldsymbol{\sigma})$ 是工件 j 的流程时间;

$L_j^S(\boldsymbol{\sigma}) = C_j^S(\boldsymbol{\sigma}) - d_j^S$ 指工件 j 的延误；

$$U_j^S = \begin{cases} 0, & \text{如果 } C_j \leqslant d_j, \\ 1, & \text{如果 } C_j > d_j; \end{cases}$$

$y_g^S(\boldsymbol{\sigma})$ 表示在 $\boldsymbol{\sigma}$ 中，发送到制造商 M_g 的次数。

在制造商的排序 $\boldsymbol{\sigma}$ 中，$C_j^M(\boldsymbol{\sigma})$，$L_j^M(\boldsymbol{\sigma})$，$U_j^M(\boldsymbol{\sigma})$，$y_h^M(\boldsymbol{\sigma})$ 的值可以类似的定义，$F_j^M(\boldsymbol{\sigma}) = C_j^M(\boldsymbol{\sigma}) - r_j^M$。在不产生歧义的情况下，我们将 $C_j^S(\boldsymbol{\sigma})$，$F_j^S(\boldsymbol{\sigma})$，$L_j^S(\boldsymbol{\sigma})$，$U_j^S(\boldsymbol{\sigma})$ 和 $y_g^S(\boldsymbol{\sigma})$ 分别简记为 C_j^S，F_j^S，L_j^S，U_j^S 和 y_g^S。对于制造商问题，也可以做类似的简写。我们也把 C_j^S 和 C_j^M 称为是工件 j 的完工时间（分别从制造商和顾客的角度来看）。

在网状供应链中，由于有多个供应商和多个制造商，记号更加复杂。在供应商阶段，我们用 $\{(1, k, g), (2, k, g), \cdots, (n_{k,g}, k, g)\}$ $(k = 1, 2, \cdots, K; g = 1, 2, \cdots, G)$ 表示供应商 S_k 加工和发送给制造商 M_g 的工件，其中 $n^S = \sum_{k=1}^{K} \sum_{g=1}^{G} n_{k,g}$。工件 (j, k, g) 在供应商 S_k 处的加工时间记为 $p_{j,k,g}$ $(j = 1, 2, \cdots, n_{k,g})$，交货期记为 $d_{j,k,g}$。令 P 代表一个具体问题中的全体加工时间之和，$P^S = \sum_{g=1}^{G} \sum_{k=1}^{K} \sum_{j=1}^{n_{k,g}} p_{jkg}^S$，$W^S = \sum_{g=1}^{G} \sum_{k=1}^{K} \sum_{j=1}^{n_{k,g}} w_{jkg}^S$。如果一组工件同时从一个供应商 S_k 处发送给同一个制造商 M_g，则这些工件形成一批，用 $D_{k,g}$ $(k = 1, 2, \cdots, K; g = 1, 2, \cdots, G)$ 表示从供应商 S_k 处发送一批工件给制造商 M_g 的非负费用，用 $y_{k,g}$ 表示发送的次数。对制造商阶段问题，制造商 M_g 加工和发送给顾客 C_h 的工件记为 $\{(1, g, h), (2, g, h), \cdots, (n_{g,h}, g, h)\}$ $(g = 1, 2, \cdots, G; h = 1, 2, \cdots, H)$，$n^M = \sum_{g=1}^{G} \sum_{h=1}^{H} n_{g,h}$。工件 (j, g, h) 在制造商 M_g 处的加工时间记为 $p_{j,g,h}$，交货期记为 $d_{j,g,h}$，$j = 1, 2, \cdots, n_{g,h}$，工件 (j, g, h) 从供应商处发送到制造商处的时间定义为它的就绪时间 $r_{j,g,h}^M$。记 $P^M = \sum_{h=1}^{H} \sum_{g=1}^{G} \sum_{j=1}^{n_{g,h}} p_{jgh}^M$，$W^M = \sum_{h=1}^{H} \sum_{g=1}^{G} \sum_{j=1}^{n_{g,h}} w_{jgh}^M$，制造商 M_g 发送给顾客 C_h 一批工件的费用记为 $D_{g,h}$ $(g = 1, 2, \cdots, G; h = 1, 2, \cdots, H)$，发送的次数用 $y_{g,h}$ 表示。在我们研究的两种供应链中，都假设所有的加工时间、权和就绪时间均为正整数，S, G 和 H 为定值，因此对于一个具体实例来说，它们不是输入数据。在不会搞混的情况下，我们用 n 代替 n^S 或 n^M 或 n^C，用 W 代替 W^S 或 W^M。关于工件 j 的完工时间和流程时间，误工工件数和工件的最大延迟定义都与树状供应链中的定义一致。

在供应链排序问题中,经典的三参数不足以描述问题的情况,我们适当进行扩展,本章的问题可以表示为 $K{\rightarrow}G,\alpha|\beta|\gamma$,或 $G{\rightarrow}H,\alpha|\beta|\gamma$。其中参数 K 描述供应商的情况,参数 G 描述制造商的情况,参数 H 描述客户的情况,参数 α 描述机器的环境,参数 β 描述工件的特征,参数 γ 表示优化的目标。本章中研究的目标是生产排序费用和运输发送的费用之和,主要选取三种具有较强实际意义的目标函数:总流程时间 $\sum F_j$、工件的最大延迟 $L_{\max}$ 和误工工件数 $\sum U_j$ 来衡量排序费用。总流程时间反映了供应商(或制造商)的成本,它的值越小,供应商(或制造商)就越节省机器资源,成本越低。然而,现代企业间竞争激烈,供应商(或制造商)不能仅考虑自身利益,下游客户(制造商或顾客)满意度是衡量企业竞争力的重要指标,工件的最大延迟和误工工件个数能够反映供应商(或制造商)提供服务的好坏,它们的值越小,下游客户的满意程度越高。这里,假定供应商(或制造商)发送一批货物的费用只与发送给哪个制造商(或顾客)有关,而与发送了多少货物无关,即对于同一个制造商(或顾客)来说,每个供应商(或制造商)每次发送的费用是一个常数。发货的车辆每次最多能够发送的货物数量有一个上限,称之为发送能力。为节省发送费用,可以把发送给同一个客户的货物分批进行发送,供应商(或制造商)将对如何安排工件的加工顺序和发送批次进行决策。每批工件的完工时间是该批中最后一个工件的完工时间,可以在 β 域增加符号 s-batch 进行说明,但鉴于已有文献中都没有标出,本书也遵循惯例没有强调。

在本节的最后,给出经典排序问题 $\alpha|\beta|\gamma$,供应商阶段问题 $S{\rightarrow}G,\alpha|\beta|\gamma^S$,制造商阶段问题 $G{\rightarrow}H,\alpha|\beta,r_j|\gamma^M$ 之间的复杂程度的关系。给定两个问题 P_1 和 P_2,用记号 $P_1{\propto}P_2$ 代表 P_2 是 P_1 的一般化。

定理 5.1 $\alpha|\beta|\gamma{\propto}S{\rightarrow}G,\alpha|\beta|\gamma^S{\propto}G{\rightarrow}H,\alpha|\beta,r_j|\gamma^M$。

证明:如果 $D_{k,g}=0,k=1,2,\cdots,K,g=1,2,\cdots,G$,那么,不失一般性,问题 $S{\rightarrow}G,\alpha|\beta|\gamma^S$ 的所有工件批都包含一个单独工件,因此问题 $\alpha|\beta|\gamma$ 与 $S{\rightarrow}G,\alpha|\beta|\gamma^S$ 等价。同理,当 $r_j^M=0,j\in N^M$ 时,问题 $S{\rightarrow}G,\alpha|\beta|\gamma^S$ 与 $G{\rightarrow}H,\alpha|\beta,r_j|\gamma^M$ 等价。

5.2 树状供应链排序问题

Hall 和 Potts[45] 对树状供应链排序问题进行了系统的分析,分别对供应商阶段、制造商阶段用单台机器加工工件的问题以及联合问题进行研究。本节将研究树状供应链中供应商阶段,用平行机加工工件以及分批发送的供应链排序问题。

5.2.1　总流程问题 $1 \rightarrow G, Pm \parallel \sum F_j + \sum D_g y_g$

本节研究的问题表示为 $1 \rightarrow G, Pm \parallel \sum F_j + \sum D_g y_g$。

下面的引理 5.1 给出所考虑问题的最优解具有的性质。

引理 5.1　我们考虑的问题存在具有以下性质的最优排序：

(1) 在同一台机器上加工的任意两个工件之间没有空闲；

(2) 在同一台机器上加工，并且发送给同一个制造商的工件是按 SPT 序 (shortest processing time first，即按工件的加工时间非减次序)加工的；

(3) 每一批的发送都发生在这批工件中的某一个工件的完工时间；

(4) 从一个供应商发送一批工件给一个制造商时，这批工件在供应商处是接连加工的。

定理 5.2　问题 $1 \rightarrow G, Pm \parallel \sum F_j + \sum D_g y_g$ 是强 NP 难的问题。

证明：我们把该问题与著名的强 NP 难问题——3 划分问题[55]建立归约。

3 划分问题：给定 $3m$ 个元素 $a_1, a_2, \cdots, a_{3m} \in Z, \sum\limits_{i=1}^{3m} a_i = mz$ 且有 $z/4 < a_i < z/2, i = 1, 2, \cdots, 3m$，是否存在指标集 $\{1, 2, \cdots, 3m\}$ 的一个划分 $S_1, S_2, \cdots, S_m$，使 $|S_i| = 3$ 并且 $\sum\limits_{i \in S_j} a_i = z, j = 1, 2, \cdots, m$？ 不失一般性，我们假设如果存在 3 划分问题的一个解，那么元素是按照以下公式计算，$a_{3i-2} + a_{3i-1} + a_{3i} = z$，$i = 1, 2, \cdots, m$。

考虑问题 $1 \rightarrow G, Pm \parallel \sum F_j + \sum D_g y_g$ 的一个实例如下：

设 $n = 3m, G = 1, p_{i1} = a_i, i = 1, 2, \cdots, n, D_1 = 4mz$，总费用 $\gamma = 7mz$，发送能力 $c = n$。下面我们证明存在上述实例描述的一个排序，其总费用不大于 γ 当且仅当 3 划分问题存在解。

($\Rightarrow$) 如果 3 划分问题存在解，即 $a_{3i-2} + a_{3i-1} + a_{3i} = z, i = 1, 2, \cdots, m$。把工件按从小到大的编号，每三个一组在一台机器上加工，每组工件都在时刻 z 完工，把所有工件用一批发送给制造商。于是加工和发送的总费用为 $3m \cdot z + 4mz = 7mz = \gamma$。

($\Leftarrow$) 如果给定我们考虑的问题的一个排序，它的总费用不超过 γ。我们可以证明，在这种条件下，只能把所有工件用一批进行发送，否则，发送的费用将不小于 $2 \cdot D_1 = 8mz > \gamma = 7mz$。

设 S_i 是在机器 P_i 上加工的工件集，则发送时间 $X = \max\Big\{\sum\limits_{j \in S_i} a_j \mid i = 1, 2, \cdots, m\Big\} \geqslant z$，所以排序和发送的总费用不小于 $z \cdot 3m + D_1 = 7mz$。因为要求总

费用不超过 $\gamma = 7mz$，所以发送时间 X 必须满足 $X = 3mz$。这就意味着 $S_i (i = 1, 2, \cdots, m)$ 必须是 3 划分问题的解。

5.2.2 辅助问题的构造及其求解

为了给出问题 $1 \rightarrow G, Pm \parallel \sum F_j + \sum D_g y_g$ 的近似算法，我们先给出原问题的一个辅助问题。把已有的算法[42]进行修正，可以得到辅助问题的最优解，然后再利用修正算法求出原问题的近似解。

问题 $1 \rightarrow G, Pm \parallel \sum F_j + \sum D_g y_g$ 的辅助问题 A：把属于制造商 $M_g (g = 1, 2, \cdots, G)$ 的所有工件分成若干个子集 $U_{1g}, U_{2g}, \cdots$，并且每个子集 U_{ig} 中的工件数不超过 c，每个子集的工件组成一批发送给相应的制造商。我们定义 a 表示所有当前已发送工件的加工时间最大者，b 表示所有当前已发送工件的加工时间的 $1/m$。令当前子集的发送时间为 a 和 b 中较大的一个，即第 i 个子集 U_{ig} 的发送时间为 $d_{ig} = \max\left\{ \max\{p_j \mid j \in U_{1g} \bigcup U_{2g} \bigcup \cdots \bigcup U_{ig}\}, \dfrac{1}{m} \displaystyle\sum_{j \in U_{1g} \bigcup U_{2g} \bigcup \cdots \bigcup U_{ig}} p_j \right\}$。

辅助问题 A 相当于在上述的每批发送时间发送工件的条件下，把所有的工件分成若干个批次，使目标函数 $\sum F_j + \sum D_g y_g$ 为最小。显然，辅助问题 A 与文献[42]中的问题 $1 \parallel \sum F_j + \sum D_g y_g$ 相比，只是每批发送的时间不同。问题 $1 \parallel \sum F_j + \sum D_g y_g$ 的发送时间为每批工件的最后完工时间，而问题 A 的发送时间为 a 和 b 的最大者。我们先给出辅助问题 A 的最优解的性质，然后把文献[42]中问题 $1 \parallel \sum F_j + \sum D_g y_g$ 的算法加以修正，就可以得到求解问题 A 的最优算法。

引理 5.2 对于问题 A 存在一个最优解，其中在同一台机器上加工，并发送给同一个制造商的工件是按照 SPT 序加工的。

证明：假设在问题 A 的一个最优解 π 中，某一台机器上发送给同一个制造商的工件次序不符合 SPT 序。那么在这个最优解中，存在发送给同一个制造商的一对相邻加工的工件 i 和工件 j，工件 i 排在 j 之前，并且 $p_i > p_j$。如果工件 i 和 j 属于同一批，那么对换工件 i 和 j 的次序，并且保持其他所有工件的次序不变，对换后这个批的发送时间没有改变，所以对换后的 π' 仍然是最优解。如果工件 i 和 j 不属于同一批，而分属于两个相邻的批，把工件 i 所在的批记为 P, j 所在的批为 Q，它们的发送时间分别记为 $d(P)$ 和 $d(Q)$，那么对换工件 i 和 j，并且保持其他所有工件的次序不变。对换后把工件 j 所在的批记为 P', i 所在的批为 Q'，它们的发送时间分别为 $d(P')$ 和 $d(Q')$。由于这两个批是相邻的,所以对换前批 Q 的发送时间等于对换后批 Q' 的发送时间,因此,$d(Q')=$ $d(Q)$。又由于 $p_i>p_j$,因此有 $d(P')\leqslant d(P)$,所以对换后的发送时间不会增大,而发送的批次没有发生变化,所以发送费用也没有改变。因此对换后的总目标函数值不会增加。经过多次这样对换后,可以得到满足引理 5.2 性质的最优解。

根据引理 5.2,我们对工件编号,使发送给同一个制造商的工件按 SPT 序排列,即 $p_{1g}\leqslant p_{2g}\leqslant\cdots\leqslant p_{n_g g},g=1,2,\cdots,G$。下面我们给出问题 A 的动态规划算法。

修正的动态规划算法 MDP:

指标函数 $f(q)=f(q_1,q_2,\cdots,q_G)$ 是供应商把工件 $\{(1,g),(2,g),\cdots,$ $(q_g,g)\}$ 加工和发送给制造商 M_g 的最小总费用。

边界条件:

$$f(0,\cdots,0)=0。$$

最优值:

$$f(n_1,n_2,\cdots,n_G)。$$

递推方程:

$$f(q)=\min_{(q'_g,g)\in J}\{(q_g-q'_g)T+D_g+f(q')\},$$

其中 $J=\{(q'_g,g)\mid 1\leqslant g\leqslant G,q_g>0,0\leqslant q'_g<q_g\}$,$T=\max\{\max\{p_{ij}\mid i=1,2,\cdots,$

$q_g,j=1,2,\cdots,g\},\dfrac{1}{m}\sum_{j=1}^{g}\sum_{i=1}^{q_g}p_{ij}\}$,$q'=(q_1,q_2,\cdots,q_{g-1},q'_g,q_{g+1},\cdots,q_G)$。

在算法 MDP 中,递推方程是指供应商把工件 $\{(q'_g+1,g),\cdots,(q_g,g)\}$ 组成一批,并在时刻 T 发送到制造商 M_g。此批中每一个工件的流程时间是 T,发送这一批的费用是 D_g。与文献[42]中的原算法相比,修正算法 MDP 中只是每批的发送时间 T 有所不同。

定理 5.3　算法 MDP 是辅助问题 A 的最优算法,时间复杂性是 $O(n^{G+1})$。

证明:算法 MDP 是在所有满足引理 5.2 的性质的可行解中找出最优解,因此是该问题的最优算法。在递推过程中,状态变量 $(q_1,q_2,\cdots,q_G)$ 从初始状态 $(0,\cdots,0)$ 到最后所有的工件 $(n_1,n_2,\cdots,n_G)$,共经历了 $O(n^G)$ 个状态,每个状态用时 $O(n)$。因此算法 MDP 的时间复杂性为 $O(n^{G+1})$。

5.3　网状供应链排序问题

5.3.1　供应商问题

本节研究多个供应商为多个制造商加工并发送货物的问题。每个供应商

都用单台机器加工工件,考虑三种表示生产排序费用的目标函数与发送费用之和达到最小的问题,分别是总流程时间问题 $K \rightarrow G, 1 \| \sum F_j + \sum D_{k,g} y_{k,g}$,最大延迟问题 $K \rightarrow G, 1 \| L_{\max} + \sum D_{k,g} y_{k,g}$ 和误工工件数问题 $K \rightarrow G$, $1 \| \sum U_j + \sum D_{k,g} y_{k,g}$。 我们假设,在最大延迟问题中,无论工件是否误工,供应商都要加工并发送给相应的制造商;在误工工件数问题中,对于误工的工件既不加工也不发送。对于这三个问题,它们的最优解都满足引理 5.3 的性质。

1. 问题的最优性质

引理 5.3   排序费用是总流程时间 $\sum F_j$、最大延迟 $L_{\max}$ 和误工工件数 $\sum U_j$ 这三个问题,存在具有以下性质的最优排序 $\boldsymbol{\sigma}$:

(1) 同一个供应商加工任何两个工件之间没有空闲;

(2) 每一批的发送都发生在这批中的某一个工件的完工时间;

(3) 从一个供应商发送一批工件给一个制造商时,这批工件在供应商处是接连加工的。

总流程时间问题 $K \rightarrow G, 1 \| \sum F_j + \sum D_{k,g} y_{k,g}$ 存在满足引理 5.4 性质的最优解,最大延迟问题 $K \rightarrow G, 1 \| L_{\max} + \sum D_{k,g} y_{k,g}$ 和误工工件数问题 $K \rightarrow G, 1 \| \sum U_j + \sum D_{k,g} y_{k,g}$ 存在满足引理 5.5 性质的最优解。

引理 5.4   对问题 $K \rightarrow G, 1 \| \sum F_j + \sum D_{k,g} y_{k,g}$,存在一个最优排序,使得供应商 $S_k (k = 1, 2, \cdots, K)$ 发送给同一个制造商 $M_g (g = 1, 2, \cdots, G)$ 的每一批工件 $\{(1, k, g), (2, k, g), \cdots, (n_{k,g}, k, g)\}$ 都按 SPT 序加工。

证明:假定问题的某最优排序 $\boldsymbol{\pi}$ 不符合 SPT 序,则在此排序中,至少有同一制造商的两个相邻工件 i 和 j,i 排在 j 之前,而 $p_i > p_j$。对换工件 i 和 j 的次序,保持其他工件的加工次序不变,得到一个新的排序 $\boldsymbol{\pi}'$。如果工件 i 和 j 属于同一批,那么对换后这个批的完工时间没有改变,$\boldsymbol{\pi}'$ 仍然是最优排序;如果工件 i 和 j 分属于两个相邻的批,把对换前工件 i 和 j 所在的批分别记为 P 和 Q,完工时间分别记为 $C(P)$ 和 $C(Q)$,对换后工件 i 和 j 所在的批分别记为 Q' 和 P',完工时间分别为 $C(Q')$ 和 $C(P')$。由于这两个批是相邻的,所以 $C(Q') = C(Q)$。又由于 $p_i \geqslant p_j$,有 $C(P') \leqslant C(P)$。所以对换后的排序 $\boldsymbol{\pi}'$ 的目标函数值不会增大,仍然是最优排序。这说明任何不满足引理 5.4 性质的排序,都可以转化为满足该性质的排序而目标函数值不增。

引理 5.5　对于问题 $K \to G$，$1 \parallel L_{\max} + \sum D_{k,g} y_{k,g}$ 和问题 $K \to G$，$1 \parallel \sum U_j + \sum D_{k,g} y_{k,g}$，都存在一个最优排序，使得供应商 $S_k (k=1,2,\cdots,K)$ 发送给同一个制造商 $M_g (g=1,2,\cdots,G)$ 的工件都按 EDD（Earliest Due Date）序加工。

证明：假设问题 $K \to G$，$1 \parallel L_{\max} + \sum D_{k,g} y_{k,g}$ 或 $K \to G$，$1 \parallel \sum U_j + \sum D_{k,g} y_{k,g}$ 的某个最优排序 π 违反了 EDD 序，则在此排序中至少有同一制造商的两个相邻工件 i 和 j，i 排在 j 之前，而 $d_i \geqslant d_j$。对换工件 i 和 j 的次序，保持其他工件的加工次序不变，得到一个新的排序 π'。如果工件 i 和 j 属于同一批，那么对换后它们的完工时间都没有改变，$L_{\max}$ 和 $\sum U_j$ 都不变，所以 π' 仍然是最优排序。如果工件 i 和 j 分别属于两个相邻的批，设在 π 中工件 i 在时间 t 时开始加工，仍用引理 5.4 的证明中的记号，则 $L_i = t + C(P) - d_i$，$L_j = t + C(P) + C(Q) - d_j$，在 π' 中工件 j 的开始加工时间是 t，$L_j' = t + C(P') - d_j$，$L_i' = t + C(P') + C(Q') - d_i$。根据引理 5.4 的证明，$C(Q') = C(Q)$，$C(P') \leqslant C(P)$。因为 $d_i \geqslant d_j$，所以 $L_j \geqslant L_i'$，$L_i \geqslant L_j'$，即对换后，最大延迟 $L_{\max}$ 和误工工件数 $\sum U_j$ 都不增大。所以，对换后总目标函数值不会增加。这说明任何不满足引理 5.5 性质的排序，都可以转化为满足该性质的排序而目标函数值不增。

2. 总流程问题 $K \to G, 1 \parallel \sum C_j + \sum D_{k,g} y_{k,g}$

根据引理 5.3 和引理 5.4，不妨假设制造商 $M_g (g=1,2,\cdots,G)$ 的所有工件都已经按 SPT 序编号。由于所有工件在开始加工前都已经就绪，每个工件的流程时间 F_j 就是它的完工时间 C_j，所以我们可以用 $\sum C_j + \sum D_{k,g} y_{k,g}$ 代替原来的目标函数 $\sum F_j + \sum D_{k,g} y_{k,g}$。下面给出问题 $K \to G, 1 \parallel \sum C_j + \sum D_{k,g} y_{k,g}$ 的动态规划算法。

选取状态变量 $\boldsymbol{q} = (q_{1,1}, \cdots, q_{1,G}, \cdots, q_{k,1}, \cdots, q_{k,G})$，其中 $q_{k,g}$ 表示在当前阶段供应商 S_k 为制造商 M_g 加工、发送的最后一个工件，即截至当前阶段，供应商 S_k 为制造商 M_g 加工、发送的工件为 $\{(1,k,g), \cdots, (q_{k,g}, k, g)\}$。

令指标函数 $f(q)$ 表示在供应商发送完当前阶段的工件 $\{(1,k,g), \cdots, (q_{k,g}, k, g) \mid 0 \leqslant q_{k,g} \leqslant n_g, k=1,2,\cdots,K; g=1,2,\cdots,G\}$ 时，总费用的最小值。

初始条件：
$$f(0, \cdots, 0, \cdots, 0, \cdots, 0) = 0.$$

最优值：

$$\min\Big\{f(n_{1,1},\cdots,n_{1,G},\cdots,n_{K,1},\cdots,n_{K,G}) \mid \sum_{k=1}^{K} n_{kg} = n_g, g=1,\cdots,G\Big\}。$$

动态规划算法中，我们采用如下递推公式

$$f(\boldsymbol{q}) = \min_{(q'_{k,g},k,g)\in J}\Big\{\sum_{k=1}^{K}(q_{k,g}-q'_{k,g})T_k + \sum_{k=1}^{K}D_{k,g} + f(q')\Big\},$$

其中，$J = \{(q'_{k,g},k,g) \mid 1 \leqslant k \leqslant K, 1 \leqslant g \leqslant G, q_{k,g} > 0, 0 \leqslant \sum_{k=1}^{K}q'_{k,g} < n_g,$

$\max\limits_{1\leqslant k\leqslant K,1\leqslant g\leqslant G}\{q_{k,g}-q'_{k,g}\} > 0\}$ 是本阶段的可行解集；$T_k = \sum\limits_{g=1}^{G}\sum\limits_{j=1}^{q_{k,g}}p_{j,k,g}, k =$

$1,2,\cdots,K$，表示在当前阶段，供应商 S_k 的机器的最后完工时间；$q' = (q_{1,1},\cdots,$

$q_{1,g}-1,q'_{1,g},q_{1,g}+1,\cdots,q_{1,G},\cdots,q_{K,1},\cdots,q_{K,g}-1,q'_{K,g},q_{K,g}+1,\cdots,q_{K,G})$。

算法的执行过程为：首先给定初始解 $\boldsymbol{q}_0 = (0,\cdots,0)$，并令 $f(\boldsymbol{q}_0)=0$。在迭代过程中，每次迭代只有一个制造商 M_g 的被加工工件发生变化，供应商 $S_k(k=1,2,\cdots,K)$ 为制造商 M_g 加工的工件数从 $q'_{k,g}$ 增加到 $q_{k,g}$，并组成一批发送到制造商 M_g。因而这一批中共有 $q_{k,g}-q'_{k,g}$ 个工件，所有工件的完工时间都是 T_k。计算由增加的工件给目标函数值带来的增量，即 $\sum\limits_{k=1}^{K}(q_{k,g}-q'_{k,g})T_k + \sum\limits_{k=1}^{K}D_{k,g}$。

定理 5.4　本算法是问题 $K{\rightarrow}G, 1 \parallel \sum F_j + \sum D_{k,g}y_{k,g}$ 的最优算法，时间计算复杂性为 $O(Kn^{KG+1})$。

证明：　本算法利用了问题 $K{\rightarrow}G, 1 \parallel \sum F_j + \sum D_{k,g}y_{k,g}$ 的最优排序的性质，在所有满足最优性质的可行排序中，应用动态规划的方法找出使目标函数值达到最小的排序，由引理 5.3 和引理 5.4 可知它是一个最优算法。下面分析它的时间复杂性。在这个算法中变量 $(q_{1,1},\cdots,q_{1,G},\cdots,q_{K,1},\cdots,q_{K,G})$ 共有 $O(n^{KG})$ 个状态，每个状态的计算用时 $O(Kn)$。因此算法的时间复杂性为 $O(Kn^{KG+1})$。

这是一个具有伪多项式时间复杂性的算法，当供应商和制造商的数目都不太大时，能够较快求出最优解。如果供应商和制造商的数目是确定的值，则认为该算法的时间计算复杂性是多项式的。

定理 5.5　问题 $K{\rightarrow}G, 1 \parallel \sum w_j F_j + \sum D_{k,g}y_{k,g}$ 是强 NP 难的。

当 K,G 都等于 1 时，即在树状供应链中，带权总流程时间问题已经是强 NP 难的[45]，这是问题 $K{\rightarrow}G,1\parallel\sum w_j F_j+\sum D_{k,g}y_{k,g}$ 的一个特例。因此，该问题也是强 NP 难的。

上述算法略显繁琐，为清晰表明算法执行过程，下面给出问题 $K{\rightarrow}G$，$1\parallel\sum F_j+\sum D_{k,g}y_{k,g}$ 的一个算例。

两个供应商 S_1 和 S_2 为两个制造商供货，制造商 M_1 需要的工件加工时间为 $\{1,4\}$，制造商 M_2 需要的工件加工时间为 $\{2\}$，供应商发送一批工件给制造商的费用分别是：$D_{11}=6$；$D_{12}=10$；$D_{21}=3$；$D_{22}=4$。如图 5-6 所示。

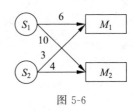

图 5-6

求解过程如下：

第 1 阶段

$\boldsymbol{q}_0=(0,0,0,0)$，　$f(\boldsymbol{q}_0)=0$。

第 2 阶段

$\boldsymbol{q}_1=(1,0,0,0)$，　$f(\boldsymbol{q}_1)=\min\{f(\boldsymbol{q}_0)+1+6,\quad f(\boldsymbol{q}_0)+4+6\}=7$；

$\boldsymbol{q}_2=(0,1,0,0)$，　$f(\boldsymbol{q}_2)=f(\boldsymbol{q}_0)+2+10=12$；

$\boldsymbol{q}_3=(0,0,1,0)$，　$f(\boldsymbol{q}_3)=\min\{f(\boldsymbol{q}_0)+1+3,\quad f(\boldsymbol{q}_0)+4+3\}=4$；

$\boldsymbol{q}_4=(0,0,0,1)$，　$f(\boldsymbol{q}_4)=f(\boldsymbol{q}_0)+2+4=6$；

$\boldsymbol{q}_5=(2,0,0,0)$，　$f(\boldsymbol{q}_5)=\min\{f(\boldsymbol{q}_0)+(1+4)\times2+6$,

$f(\boldsymbol{q}_1)+(1+4)+6\}=16$；

$\boldsymbol{q}_6=(0,0,2,0)$，　$f(\boldsymbol{q}_6)=\min\{f(\boldsymbol{q}_0)+(1+4)\times2+3$,

$f(\boldsymbol{q}_3)+(1+4)+3\}=12$。

第 3 阶段

$\boldsymbol{q}_7=(1,1,0,0)$，　$f(\boldsymbol{q}_7)=\min\{f(\boldsymbol{q}_1)+(1+2)+10$,

$f(\boldsymbol{q}_2)+(2+1)+6,f(\boldsymbol{q}_2)+(2+4)+6\}=20$；

$\boldsymbol{q}_8=(1,0,1,0)$，　$f(\boldsymbol{q}_8)=\min\{f(\boldsymbol{q}_3)+4+6,\quad f(\boldsymbol{q}_1)+4+3\}=14$；

$\boldsymbol{q}_9=(1,0,0,1)$，　$f(\boldsymbol{q}_9)=\min\{f(\boldsymbol{q}_1)+2+4,\quad f(\boldsymbol{q}_4)+1+6$,

$f(\boldsymbol{q}_4)+4+6\}=13$；

$\boldsymbol{q}_{10}=(0,1,1,0)$，　$f(\boldsymbol{q}_{10})=\min\{f(\boldsymbol{q}_2)+1+3,\quad f(\boldsymbol{q}_3)+2+10$,

$f(\boldsymbol{q}_2)+4+3\}=16$；

$\boldsymbol{q}_{11}=(0,0,1,1)$，　$f(\boldsymbol{q}_{11})=\min\{f(\boldsymbol{q}_3)+(1+2)+4$,

$f(\boldsymbol{q}_4)+(2+1)+3,\quad f(\boldsymbol{q}_4)+(2+4)+3\}=11$。

第 4 阶段

$\boldsymbol{q}_{12}=(1,1,1,0)$，　$f(\boldsymbol{q}_{12})=\min\{f(\boldsymbol{q}_{10})+(2+4)+6$,

$f(\boldsymbol{q}_8)+(1+2)+10$, $\quad f(\boldsymbol{q}_8)+(4+2)+10\}=27$;

$\boldsymbol{q}_{13}=(1,0,1,1)$, $\quad f(\boldsymbol{q}_{13})=\min\{\underline{f(\boldsymbol{q}_8)+(1+2)+4}$,

$f(\boldsymbol{q}_9)+(2+4)+3$, $\quad f(\boldsymbol{q}_8)+(4+2)+4\}=21$;

$\boldsymbol{q}_{14}=(0,1,2,0)$, $\quad f(\boldsymbol{q}_{14})=\min\{f(\boldsymbol{q}_2)+(1+4)\times2+3$,

$\underline{f(\boldsymbol{q}_2)+1+3+(1+4)+3}$, $\quad f(\boldsymbol{q}_{10})+(1+4)+3\}=24$;

$\boldsymbol{q}_{15}=(2,1,0,0)$, $\quad f(\boldsymbol{q}_{15})=\min\{f(\boldsymbol{q}_5)+(1+4+2)+10$,

$\underline{f(\boldsymbol{q}_2)+(2+1+4)\times2+6}$, $\quad f(\boldsymbol{q}_7)+(1+2+4)+6\}=32$;

$\boldsymbol{q}_{16}=(0,0,2,1)$, $\quad f(\boldsymbol{q}_{16})=\min\{f(\boldsymbol{q}_4)+(1+4+2)\times2+3$,

$\underline{f(\boldsymbol{q}_{11})+(1+2+4)+3}$, $\quad f(\boldsymbol{q}_6)+(1+4+2)+4\}=21$;

$\boldsymbol{q}_{17}=(2,0,0,1)$, $\quad f(\boldsymbol{q}_{17})=\min\{f(\boldsymbol{q}_5)+2+4$, $\quad f(\boldsymbol{q}_9)+(1+4)+6\}=22$。

最后求得,最优解为 $f(\boldsymbol{q}^*)=f(\boldsymbol{q}_{13})=f(\boldsymbol{q}_{16})=21$。

最优加工顺序为:

3. 最大延迟问题 $K\to G,1\parallel L_{\max}+\sum D_{k,g}y_{k,g}$

本节,我们针对最大延迟问题 $K\to G,1\parallel L_{\max}+\sum D_{k,g}y_{k,g}$ 展开研究。

根据引理 5.3 和引理 5.5,不妨假设制造商 $M_g(g=1,2,\cdots,G)$ 的工件都已按 EDD 序编号。算法如下:

状态变量 $(\boldsymbol{q},\boldsymbol{y})=(q_{1,1},q_{1,2},\cdots,q_{1,G},\cdots,q_{K,1},\cdots,q_{K,G},y_{1,1},\cdots,y_{1,G},\cdots,$
$y_{K,1},\cdots,y_{K,G})$,其中 $q_{K,g}$ 表示在当前阶段供应商 S_k 为制造商 M_g 加工、发送的最后一个工件;$y_{K,g}$ 表示截至当前阶段,从供应商 S_k 处发送到制造商 M_g 处的总批数。

由于目标函数中 $L_{\max}$ 表示求所有工件延迟的最大值,$\sum D_{k,g}y_{k,g}$ 表示求所有发送费用的总和,这两部分的“结构”不同,无法在迭代过程中同时求出。我们令指标函数 $f(\boldsymbol{q},\boldsymbol{y})$ 表示供应商 S_k 把工件 $\{(1,k,g),\cdots,(q_{k,g},k,g)\}$ 加工后分 $y_{k,g}$ 批发送给制造商 M_g,最后一批工件在 $\sum\limits_{g=1}^{G}\sum\limits_{j=1}^{q_{k,g}}p_{j,k,g}$ 时刻发送的最大延迟的最小值,其中 $0\leqslant y_{k,g}\leqslant q_{k,g}\leqslant n_{k,g},k=1,2,\cdots,K;g=1,2,\cdots,G$。利用表示发送批数的状态变量分量 $y_{1,1},\cdots,y_{1,G},\cdots,y_{K,1},\cdots,y_{K,G}$ 在最后求出总的目标函数值。

迭代的初始条件为

$$f(0,\cdots,0,\cdots,0,\cdots,0,0,\cdots,0,\cdots 0,\cdots,0)=\infty。$$

最优值为

$$\min_{y_{1,1},\cdots,y_{1,G},\cdots,y_{K,1},\cdots,y_{K,G}} \left\{ f(n_{1,1}\cdots,n_{1,G},\cdots,\ n_{K,1}\cdots,n_{K,G},y_{1,1},\cdots,\ y_{1,G},\cdots, \right.$$

$$\left. y_{K,1},\cdots,y_{K,G}) + \sum_{k=1}^{K}\sum_{g=1}^{G} D_{k,g}y_{k,g} \right\},$$

其中 $0 \leqslant y_{k,g} \leqslant q_{k,g} \leqslant n_{k,g}, k=1,2,\cdots,K; g=1,2,\cdots,G$。

递推公式

$$f(\boldsymbol{q},\boldsymbol{y}) = \min_{(q'_{k,g},k,g)\in J} \{\max\{T_k - d_{q'_{k,g}+1,k,g}, f(\boldsymbol{q}',\boldsymbol{y}')\}\}, \qquad (5.1)$$

其中，$J=\{(q'_{k,g},k,g)|1\leqslant k\leqslant K, 1\leqslant g\leqslant G, q_{k,g}>0, 0\leqslant q'_{k,g}<q_{k,g}\}$ 是本阶段的可行解集；$T_k=\sum\limits_{g=1}^{G}\sum\limits_{j=1}^{q_{k,g}} p_{j,k,g}, k=1,2,\cdots,K$，表示在当前阶段，供应商 S_k 的机器的最后完工时间；$\boldsymbol{q}'=(q_{1,1},\cdots,q_{1,g-1},q'_{1,g},q_{1,g+1}\cdots,q_{1,G},\cdots,q_{K,1},\cdots,q_{K,g-1},q'_{K,g},q_{K,g+1},\cdots,q_{K,G})$；$\boldsymbol{y}'=(y_{1,1},\cdots,y_{1,g-1},y_{1,g}-1,y_{1,g+1},\cdots,y_{1,G},\cdots,y_{K,1},\cdots,y_{K,g-1},y_{K,g}-1,y_{K,g+1},\cdots,y_{K,G})$。

递推公式(5.1)表示在相邻的两个阶段，从状态 $(\boldsymbol{q},\boldsymbol{y})$ 转移到 $(\boldsymbol{q}',\boldsymbol{y}')$，供应商 S_k 把工件 $\{(q'_{k,g}+1,k,g),\cdots,(q_{k,g},k,g)\}$ 组成一批，并在时刻 T_k 发送给制造商 M_g。由于同一个制造商的工件已经按 EDD 序编号，所以在上述的批中，工件 (q'_g+1,g) 的交货期最小，延迟最大。只需把工件 $(q'_{k,g}+1,k,g)$ 的延迟 $T_k-d_{q'_{k,g}+1,k,g}$ 和已排好的工件中最大的延迟 $f(\boldsymbol{q}',\boldsymbol{y}')$ 进行比较，这两者中较大者就是当前状态 $(\boldsymbol{q},\boldsymbol{y})$ 的最大延迟 $f(\boldsymbol{q},\boldsymbol{y})$。

定理 5.6　上述算法是问题 $K\to G, 1\|L_{\max}+\sum D_{k,g}y_{k,g}$ 的最优算法，其时间复杂性是 $O(Kn^{2KG+1})$。

证明：算法利用了问题 $K\to G, 1\|L_{\max}+\sum D_{k,g}y_{k,g}$ 的最优排序的性质，在所有满足最优性质的可行排序中，应用动态规划的方法找出使目标函数值最小的排序，由引理 5.3 和引理 5.5 可知此算法得到的排序是最优排序。状态变量 $(q_{1,1},\cdots,q_{1,G},\cdots,q_{K,1},\cdots,q_{K,G},y_{1,1},\cdots,y_{1,G},\cdots,y_{K,1},\cdots,y_{K,G})$ 在迭代过程中至多有 $O(n^{2KG})$ 个状态，每个状态的计算量至多是 $O(Kn)$。因此算法的时间复杂性为 $O(Kn^{2KG+1})$。

4. 误工工件数问题 $K\to G, 1\|\sum U_j+\sum D_{k,g}y_{k,g}$

本节，我们针对误工工件数问题 $K\to G, 1\|\sum U_j+\sum D_{k,g}y_{k,g}$ 展开研究。我们规定，误工的工件既不加工也不发送。对于每一个供应商 S_k，向当前部分排序中增加工件时，如果导致了某个工件误工，就把此工件放在最后，不再加工和发送；如果没有导致工件误工，那么要确定是把这个工件加到当前的批，

还是形成新的批。根据引理 5.3 和引理 5.5，同样先把同一个制造商 M_g 的工件按 EDD 序编号。下面给出问题的算法：

定义状态变量 $(\boldsymbol{q},\boldsymbol{y},u,j,\bar{g})=(q_{1,1},\cdots,q_{1,G},\cdots,q_{K,1},\cdots,q_{K,G},y_{1,1},\cdots,$
$y_{1,G},\cdots,y_{K,1},\cdots,y_{K,G},u,j,k,\bar{g})$，其中 $q_{K,g}$ 和 $y_{K,g}$ 表示的含义与问题 $K\to G,1\parallel\sum C_j+\sum D_{k,g}y_{k,g}$ 的算法中相同。为了检验一批中所有工件是否都是不误工的，把该批中工件的最小下标 $(j,k,\bar{g})$ 也作为状态变量的一部分。这是因为制造商 M_g 的工件已经按 EDD 序编号，所以在一批中所有工件不误工当且仅当其中下标最小的工件不误工。

指标函数 $f(\boldsymbol{q},\boldsymbol{y},u,j,\bar{g})$ 表示供应商 $S_k(k=1,2,\cdots,K)$ 为制造商 $M_g(g=1,2,\cdots,G)$ 加工和发送的工件 $\{(1,k,g),(2,k,g),\cdots,(q_{k,g},k,g)\}$ 中最后一个不误工工件的完工时间的最小值，其中为制造商 $M_g(g=1,\cdots,\bar{g}-1,\bar{g}+1,\cdots,G)$ 加工的所有不误工工件分成 $y_{k,g}$ 批发送。如果 $y_{k,\bar{g}}>0$，那么为制造商 $M_{\bar{g}}$ 加工的工件 $\{(1,k,\bar{g}),(2,k,\bar{g}),\cdots,(j-1,k,\bar{g})\}$ 中所有不误工工件分成 $(y_{k,\bar{g}}-1)$ 批发送；如果 $j>0$，那么用 $(j,k,\bar{g})$ 表示在当前部分排序中还没有发送的最后一批的第一个（即当前的批中交货期最小的）工件。u 表示误工工件的个数。如果 $j>0$，并且 $f(\boldsymbol{q},\boldsymbol{y},u,j,\bar{g})>d_{j,k,\bar{g}}$，那么工件 $(j,k,\bar{g})$ 是误工工件，既不加工也不发送，定义 $f(\boldsymbol{q},\boldsymbol{y},u,j,\bar{g})=\infty$。

迭代的初始条件为

$$f(0,\cdots,0,\cdots,0,\cdots,0,0,\cdots,0,\cdots,0,\cdots,0,0,0,0,0)=0。$$

最优值为

$$\min\left\{u+\sum_{k=1}^{K}\sum_{g=1}^{G}D_{k,g}y_{k,g}\mid\min_{(j,k,\bar{g})\in N}\{f(n_{1,1},\cdots,n_{1,G},\cdots,n_{K,1},\cdots,n_{K,G},\right.$$

$$y_{1,1},\cdots,y_{1,G},\cdots,y_{K,1},\cdots,y_{K,G},u,j,k,\bar{g})\}<\infty,\ 0\leqslant u\leqslant n,$$

$$\left.0\leqslant y_{k,g}\leqslant q_{k,g}\leqslant n_{k,g},\quad k=1,2,\cdots,K;g=1,2,\cdots,G\right\}。$$

算法的递推公式可以描述如下：

$$f(\boldsymbol{q},\boldsymbol{y},u,j,\bar{g})$$

$$=\min\left\{\begin{array}{ll}f(\boldsymbol{q}',\boldsymbol{y},u-1,j,\bar{g}),&\\ p_{q_{k,\bar{g}},k,\bar{g}}+f(\boldsymbol{q}',\boldsymbol{y},u,j,\bar{g}),&\text{若 }0<j<q_{k,\bar{g}},f(\boldsymbol{q}',\boldsymbol{y},u,j,\bar{g})+\\ &p_{q_{k,\bar{g}},k,\bar{g}}\leqslant d_{j,k,\bar{g}},\\ \min_{(j',k,\bar{g})\in J}\{p_{q_{k,\bar{g}},k,\bar{g}}+f(\boldsymbol{q}',\boldsymbol{y}',u,j',\bar{g}')\},&\text{若 }j=q_{k,\bar{g}}\end{array}\right\},$$

$$(5.2)$$

其中,$\boldsymbol{q}'=(q_{1,1},\cdots,q_{1,\bar{g}-1},q_{1,\bar{g}}-1,q_{1,\bar{g}+1},\cdots,q_{1,G},\cdots,q_{K,1},\cdots,q_{K,\bar{g}-1},q_{K,\bar{g}}-1,q_{K,\bar{g}+1},\cdots,q_{K,G})$,$\boldsymbol{y}'=(y_{1,1},\cdots,y_{1,\bar{g}-1},y_{1,\bar{g}}-1,y_{1,\bar{g}+1},\cdots,y_{1,G},\cdots,y_{K,1},\cdots,y_{K,\bar{g}-1},y_{K,\bar{g}}-1,y_{K,\bar{g}+1},\cdots,y_{K,G})$,$J=\{(j',k,\bar{g}')\mid 0\leqslant\bar{g}'\leqslant G$。如果$\bar{g}'=0$,那么$j'=0$;如果$\bar{g}'=\bar{g}\neq 0$,那么$1\leqslant j'\leqslant q_{k,\bar{g}}-1$;如果$\bar{g}'\neq\bar{g}$并且$\bar{g}'\neq 0$,那么$1\leqslant j'\leqslant q_{k,\bar{g}'}$。

递推公式(5.2)表明了在相邻两个阶段中,状态的转移及指标函数的变化。等号右边第一项表示,如果把工件$(q_{k,\bar{g}},k,\bar{g})$加入当前的批,会使该批中产生误工工件。由于排序的目标只要使误工工件个数达到最小,而不必在乎是哪个工件误工,于是可以把工件$(q_{k,\bar{g}},k,\bar{g})$看作是误工工件,不予加工。第二项表示,如果把工件$(q_{k,\bar{g}},k,\bar{g})$加入当前的批之后,它能够在$d_{j,k,\bar{g}}$之前完工,因而工件$(j,k,\bar{g})$也不会误工,那么把工件$(q_{k,\bar{g}},k,\bar{g})$加入当前为制造商$M_{\bar{g}}$加工的批,但尚未决定何时发送该批。第三项表示,如果$j=q_{k,\bar{g}}$,这说明最后一批中只有工件$(q_{k,\bar{g}},k,\bar{g})$,它前面的一批工件是为制造商$M_{\bar{g}'}$加工的,并且如果$j'>0$,该批的第一个工件是$(j',k,\bar{g}')$,(如果$j'=0$,说明前面一批不存在),则发送这批工件,工件$(q_{k,\bar{g}},k,\bar{g})$形成新的一批。由工件$(q_{k,\bar{g}},k,\bar{g})$形成新的一批,因而发送批数增加 1。在对集合 J 的定义中应注意区分两种情况:如果$\bar{g}'=\bar{g}$,则发送的批中的第一个工件$(j',k,\bar{g}')$一定满足$j'\leqslant q_{k,\bar{g}}-1$;如果$\bar{g}'\neq\bar{g}$,则发送的批中第一个工件仍用$(q_{k,\bar{g}'},k,\bar{g}')$表示。

定理 5.7 上述算法是问题 $K\to G,1\parallel\sum U_j+\sum D_{k,g}y_{k,g}$ 的最优算法,且时间复杂性为 $O(Kn^{2KG+2})$。

证明:由动态规划算法的迭代过程以及引理 5.5 可知本算法是最优算法。在该算法中,至多有 $O(n^{2KG+2})$ 个状态$(q_{1,1},\cdots,q_{1,G},\cdots,q_{K,1},\cdots,q_{K,G},y_{1,1},\cdots,y_{1,G},\cdots,y_{K,1},\cdots,y_{K,G},u,j,k,\bar{g})$。在每个状态下,递推公式(5.2)等号右边计算第一项和第二项需要的时间均是常数,第三项的计算量至多是 $O(Kn)$。所以算法的时间复杂性为 $O(Kn^{2KG+2})$。

5.3.2 制造商问题

本节考虑制造商问题。每个制造商同样有下一级顾客,因此制造商所面对的决策问题与供应商面对的问题十分相似。唯一不同之处是供应商将工件送到制造商处的时间确定了各批工件的就绪时间,在此时间之前,制造商不能对该批的任何工件进行加工。因此,在最优排序中,制造商 M_g 发送给顾客 C_h 的工件不一定按供应商阶段的加工顺序加工。对于每一个顾客来说,引理 5.4 的 SPT 序和引理 5.5 的 EDD 序都不是必定生成一个可行排序。然而,对供应商为每个顾客加工的工件做一些自然的假设,仍能设计多项式或者伪多项式的最优算法。这里的算法要比上一节中的算法复杂,这是因为工件具有就绪时间,引理 5.1(3)不成立。

引理 5.6 在制造商问题中,存在具有以下性质的最优解:

(1) 工件的开始加工时间是它的就绪时间或它前一个工件的完工时间;

(2) 每一批的发送都发生在这批工件中的某一个工件的完工时间。

定义 5.1 假设工件 (i,h) 与 (j,h)($1 \leqslant h \leqslant H$,$1 \leqslant i,j \leqslant n_{g,h}$,$i \neq j$)是由同一个供应商加工后发送下游制造商的。如果工件 (i,h) 所在的批的发送时间严格小于工件 (j,h) 所在的批的发送时间,并且它们在由同一个制造商加工后发送给下游客户时,工件 (i,h) 所在批的发送时间不大于工件 (j,h) 所在批的发送时间,我们称供应商发送的批与制造商发送的批满足**批的一致性**。

本节研究具有"批的一致性"的供应链中制造商阶段的决策问题。这个条件允许制造商对一些工件进行排序时不需要等下一批工件就绪就可以确定,是生产计划的自然简化。此外,这一假设减少了重新排序和工件储存的费用,符合实际的需要。Ahmadi el al[56] 和 Hall[45] 都对一些问题在"批的一致性"的假设下进行研究。

这里考虑 G 个制造商 $M_1,M_2,\cdots,M_G$,目标是使排序费用和发送费用之和达到最小。在我们所考虑的模型中,每个工件 j 将从供应商处被发送到制造商,那么对于制造商,将工件 j 被送到的时间定义为它的就绪时间 r_j^M。

1. 总流程时间问题 $G \to C,1 \mid r_j \mid \sum F_j + \sum D_{g,h} y_{g,h}$

由于经典的排序问题 $1 \mid r_j \mid \sum F_j$ 是强 NP 难的[57],而制造商问题 $G \to C,1 \mid r_j \mid \sum F_j + \sum D_{g,h} y_{g,h}$ 中的工件有不同的就绪时间,所以制造商问题 $G \to C,1 \mid r_j \mid \sum F_j + \sum D_{g,h} y_{g,h}$ 也是强 NP 难的。此时,在最优排序中制造商 M_g 发送给下游客户 C_h 的工件不一定按照 SPT 序加工。我们在"SPT 批的一致性"假设之下求解该问题。

定义 5.2 如果具有相同就绪时间的工件(即由同一供应商发送的同一批工件)是为同一个顾客而生产,那么它们将被制造商按 SPT 序加工。我们称这种性质为 SPT 批的一致性。工件的这种加工顺序称为**批 SPT 序**。

引理 5.7　如果供应链排序问题满足 SPT 批的一致性条件,那么制造商问题的最优排序是批 SPT 序。

引理 5.7 可由引理 5.4 得到证明。

根据引理 5.7,可以按照客户的工件就绪时间非增的次序给工件进行编号。对于顾客 C_h 的工件,我们为其编号为 $r_{1,g,h} \leqslant r_{2,g,h} \leqslant \cdots \leqslant r_{n_{g,h},g,h}$, $g=1$, $2,\cdots,G$; $h=1,2,\cdots,H$,其中,$r_{j,g,h}=r_{j+1,g,h}$ 意味着 $p_{j,g,h} \leqslant p_{j+1,g,h}$ $(j=1,$ $2,\cdots,n_{g,h}-1)$。因为制造商问题 $G{\rightarrow}C,1\,|\,r_j\,|\,\sum F_j + \sum D_{g,h}y_{g,h}$ 中的工件有不同的就绪时间,所以制造商加工工件时,机器可能有空闲。根据空闲,可以把制造商问题的当前部分排序分成若干块,每一个块里有尽可能多的工件使得块里面两两工件之间机器没有空闲,并且在块里的第一个工件,要么在它的就绪时间开始加工,要么在它前面的机器是空闲的。

下面给出问题 $G{\rightarrow}C,1\,|\,r_j\,|\,\sum F_j + \sum D_{g,h}y_{g,h}$ 的动态规划算法。

指标函数:

$f(\boldsymbol{q},\boldsymbol{s},\boldsymbol{b},\bar{\boldsymbol{h}})=f(q_{1,1},\cdots,q_{1,H},\cdots,q_{G,1},\cdots,q_{G,H},s_{1,1},\cdots,s_{1,H},\cdots,s_{G,1},\cdots,$ $s_{G,H},b_{1,1},\cdots,b_{1,H},\cdots,b_{G,1},\cdots,b_{G,H},\bar{h}_1,\cdots,\bar{h}_G)$ 表示在下述(1)和(2)两个条件下,制造商 M_g 加工和发送工件 $\{(1,g,h),(2,g,h),\cdots,(s_{g,h},g,h)\,|\,g=1,$ $2,\cdots,G$; $h=1,2,\cdots,H\}$ 的最小总费用,其中流程时间是在工件的就绪时间都等于零的基础上计算的。(1)工件 $\{(s_{g,h}+1,g,h),(s_{g,h}+2,g,h),\cdots,(q_{g,h},$ $g,h)\}$, $g=1,2,\cdots,G$; $h=1,2,\cdots,H$ 也要加工;(2)制造商 M_g 的最后一块要包含工件 $\{(b_{g,h}+1,g,h),(b_{g,h}+2,g,h),\cdots,(q_{g,h},g,h)\}$, $g=1,2,\cdots,G$; $h=1,2,\cdots,H$。这些工件中第一个工件记为 $(b_{g,\bar{h}_g}+1,g,\bar{h}_g)$,其中 $0 \leqslant s_{g,h} \leqslant$ $q_{g,h} \leqslant n_{g,h}$, $0 \leqslant b_{g,h} \leqslant q_{g,h}$,如果 $\bar{h}_g > 0$, $0 \leqslant \bar{h} \leqslant H$ 则有 $b_{g,\bar{h}_g} < q_{g,\bar{h}_g}$。

初始值:
$$f(0,\cdots,0,0,\cdots,0,0,\cdots,0,0)=0。$$

最优值:
$$\min_{(\boldsymbol{b},\bar{h}) \in B} \{f(n_{1,1},\cdots,n_{1,H},\cdots,n_{G,1},\cdots,n_{G,H},n_{1,1},\cdots,n_{1,H},\cdots,n_{G,1},\cdots,$$
$$n_{G,H},b_{1,1},\cdots,b_{1,H},\cdots,b_{G,1},\cdots,b_{G,H},\bar{h}_1,\cdots,\bar{h}_G)\} - \sum_{g=1}^{G}\sum_{h=1}^{H}\sum_{j=1}^{n_{g,h}} r_{j,g,h}^{M},$$

其中 $B=\{(\boldsymbol{b},\bar{h})\,|\,0 \leqslant b_{g,h} \leqslant n_{g,h}, b_{g,\bar{h}_g} < q_{g,\bar{h}_g}, 1 \leqslant \bar{h}_g \leqslant H, 1 \leqslant g \leqslant G, 1 \leqslant h_g \leqslant H\}$。

递推方程：

$f(\boldsymbol{q},\boldsymbol{s},\boldsymbol{b},\bar{\boldsymbol{h}})$

$$
= \min \left\{
\begin{array}{l}
\displaystyle \min_{(h_1,h_2,\cdots,h_G)\in H_1} \{f(\boldsymbol{q}',\boldsymbol{s},\boldsymbol{b},\bar{\boldsymbol{h}})\}, \\[3mm]
\displaystyle \min_{(h_1,h_2,\cdots,h_G)\in H_2} \Big\{ \min_{0\leqslant s'_{g,h}<s_{g,h}} \Big\{ \sum_{g=1}^{G}(q_{g,h}-s'_{g,h})T_g + \sum_{g=1}^{G}D^M_{g,h} + \\[3mm]
\qquad f(\boldsymbol{q}',\boldsymbol{s}',\boldsymbol{b},\bar{\boldsymbol{h}}) \Big\} \Big\}, \\[3mm]
\displaystyle \min_{(b',\bar{h}_1^7,\cdots,\bar{h}_G^7)\in B_1} \{f(\boldsymbol{q}'',\boldsymbol{s},\boldsymbol{b}',\bar{h}'_1,\bar{h}'_2,\cdots,\bar{h}'_G)\}, \\[3mm]
\qquad \text{如果 } \boldsymbol{b}=\boldsymbol{q}'', s_{g,\bar{h}_g}<q_{g,\bar{h}_g}, g=1,2,\cdots,G, \\[3mm]
\displaystyle \min_{(b',\bar{h}_1^7,\cdots,\bar{h}_G^7)\in B_1} \Big\{ \min_{0\leqslant s''_{g,\bar{h}_g}\leqslant s_{g,\bar{h}_g}} \Big\{ \sum_{g=1}^{G}(q_{g,\bar{h}}-s''_{g,\bar{h}})T_g + \\[3mm]
\qquad \sum_{g=1}^{G}D^M_{g,\bar{h}} + f(\boldsymbol{q}'',\boldsymbol{s}'',\boldsymbol{b}',\bar{h}'_1,\bar{h}'_2\cdots,\bar{h}'_G) \Big\} \Big\}, \\[3mm]
\qquad \text{如果 } \boldsymbol{b}=\boldsymbol{q}'', s_{g,\bar{h}_g}=q_{g,\bar{h}_g^7}, g=1,2,\cdots,G
\end{array}
\right\}, \quad (5.3)
$$

其中

$\boldsymbol{q}'=(q_{1,1},\cdots,q_{1,h-1},q_{1,h}-1,q_{1,h+1},\cdots,q_{1,H},\cdots,q_{G,1},\cdots,q_{G,h-1},q_{G,h+1},\cdots,q_{G,H})$,

$\boldsymbol{s}'=(s_{1,1},\cdots,s_{1,h-1},s_{1,h}-1,s'_{1,h},\cdots,s_{1,H},\cdots,s_{G,1},\cdots,s_{G,h-1},s'_{G,h},s_{G,h+1},\cdots,s_{G,H})$,

$\boldsymbol{q}''=(q_{1,1},\cdots,q_{1,\bar{h}_g-1},q_{1,\bar{h}_g}-1,q_{1,\bar{h}_g+1},\cdots,q_{1,H},\cdots,q_{G,1},\cdots,q_{G,\bar{h}_g-1},q_{G,\bar{h}_g+1},\cdots,q_{G,H})$,

$\boldsymbol{s}''=(s_{1,1},\cdots,s_{1,\bar{h}_g-1},s_{1,\bar{h}_g}-1,s''_{1,\bar{h}_g},\cdots,s_{1,H},\cdots,s_{G,1},\cdots,s_{G,\bar{h}_g-1},s''_{G,\bar{h}_g},s_{G,\bar{h}_g+1},\cdots,s_{G,H})$,

$H_1=\{(h_1,h_2,\cdots,h_G)\mid 1\leqslant g\leqslant G,1\leqslant h_g\leqslant H,s_{g,h}<q_{g,h},b_{g,h}<q_{g,h},b_{g,\bar{h}_g}+1\leqslant q_{g,\bar{h}_g},h=\bar{h},r_{q_{g,h},g,h}\leqslant T'_g\}$,

$H_2=\{(h_1,h_2,\cdots,h_G)\mid 1\leqslant g\leqslant G,1\leqslant h_g\leqslant H,s_{g,h}=q_{g,h},b_{g,h}<q_{g,h},b_{g,\bar{h}_g}+1\leqslant q_{g,\bar{h}_g},h=\bar{h},r_{q_{g,h},g,h}\leqslant T'_g\}$,

$B_1=\{(b'_{1,1},\cdots,b'_{1,H},\cdots,b'_{G,1},\cdots,b'_{G,H},\bar{h}'_g,\cdots,\bar{h}'_G)\mid 1\leqslant g\leqslant G,1\leqslant h_g\leqslant H,0\leqslant b'_{g,h}\leqslant b_{g,h},\bar{h}'_g>0,b_{g,\bar{h}_g'}<b_{g,\bar{h}_g},r^M_{q_{g,\bar{h}_g'},g,\bar{h}_g}>T''_g\}$,

$T_g=r^M_{b_{g,\bar{h}_g}+1,g,\bar{h}_g}+\displaystyle\sum_{h=1}^{H}\sum_{j=b_{g,h}+1}^{q_{g,h}}p^M_{j,g,h}$,

$$T'_g = r^M_{b_{g,\bar{h}_g}+1,g,\bar{h}_g} + \sum_{l=1}^{H}\sum_{j=b_{g,l}+1}^{q'_{g,l}} p^M_{j,g,l},$$

$$T''_g = r^M_{b_{g,\bar{h}'_g}+1,g,\bar{h}'_g} + \sum_{l=1}^{H}\sum_{j=b_{g,l}+1}^{q''_{g,l}} p^M_{j,g,l}。$$

在上述算法中,每迭代一次,我们只考虑一个制造商 M_g。在递推方程(5.3)中,等式右端前面两个式子表示没有新的块生成。第一项表示工件$(q_{g,h},g,h)$将在当前块最后加工,在$(q_{g,h},g,h)$完工时刻没有安排发送。集合 H_1 保证了若 $s_{g,h}<q_{g,h}$,则工件$(q_{g,h},g,h)$不会被发送;若 $b_{g,h}<q_{g,h}$,则工件$(q_{g,h},g,h)$在最后的块,并且在它前面机器没有空闲。第二项与第一项意义相似,不同之处在于批$\{(s'_{g,h}-1,g,h),\cdots,(q_{g,h},g,h)\}$将在$(q_{g,h},g,h)$完工时被发送到顾客 C_h,生成新的一批。集合 H_2 确保了若 $s_{g,h}=q_{g,h}$,那么当前的状态与这样的一个发送是一致的。后面两个式子中,工件$(q_{g,\bar{h}_g},g,\bar{h}_g)$是当前排序中最后一个加工的工件,因此有新的块生成。特别地,第三项考虑在 $s_{g,\bar{h}}<q_{g,\bar{h}}$ 时,工件$(q_{g,\bar{h}},g,\bar{h})$的完工时刻没有安排批的发送,而第四项考虑了若 $s_{g,\bar{h}}=q_{g,\bar{h}}$,在时刻 $T=r_{q_{g,\bar{h}},g,\bar{h}}+p_{q_{g,\bar{h}},g,\bar{h}}$ 安排了批$\{(s''_{g,\bar{h}}+1,g,\bar{h}),\cdots,(q_{g,\bar{h}},g,\bar{h})\}$的发送。集合 B_1 为上一个状态定义了 b' 和 $\bar{h}'$,在上一个状态中工件$(q_{g,\bar{h}},g,\bar{h})$在它的就绪时刻开始加工,并且前面机器空闲。

定理 5.8　在 SPT 批的一致性假设条件下,上述动态规划算法是问题 $G\rightarrow C,1\mid r_j\mid \sum F_j + \sum D_{g,h}y_{g,h}$ 的最优算法,其时间复杂性是 $O(Gn^{3GH})$。

证明:利用最优排序的性质、引理 5.6、引理 5.7 和 SPT 批的一致性假设,可证明此算法的动态规划迭代过程是在满足最优性质的可行解中找出使目标函数值最小的排序,因此是求解问题 $G\rightarrow C,1\mid r_j\mid \sum F_j + \sum D_{g,h}y_{g,h}$ 的最优算法。算法的状态变量$(\boldsymbol{q},\boldsymbol{s},\boldsymbol{b},\bar{\boldsymbol{h}})$最多有 $O(n^{3GH})$ 个取值。在递推方程(5.3)中,计算第一项需要的时间是一个常数。计算第二项每次迭代需要时间$O(Gn)$,但是它只在 $s_{g,h}=q_{g,h}$ 时,即在其中 $O(n^{3GH-1})$ 个状态下执行。计算第三项每次迭代需要时间 $O(n^{GH})$,但它只在 $b_{g,l}=q_{g,l}$(这里 $l\neq h$)和 $b_{g,\bar{h}}=q_{g,\bar{h}}-1$ 时执行,即在其中 $O(n^{2GH})$ 个状态下执行。相似地,第四项每次迭代需要时间 $O(n^{GH+1})$,它只在 $b_{g,l}=q_{g,l}$,这里 $l\neq h$,$b_{g,\bar{h}}=q_{g,\bar{h}}-1$ 和 $s_{g,\bar{h}}=q_{g,\bar{h}}$ 时执行,即在其中 $O(n^{2GH-1})$ 个状态下执行。因此,算法的时间复杂性是 $O(Gn^{3GH})$。

2. 最大延迟问题 $G\rightarrow C,1\mid r_j\mid L_{\max}+\sum D_{g,h}y_{g,h}$

由于经典问题 $1\mid r_j\mid L_{\max}$ 是 NP 难问题[57],根据定理 5.1,问题 $G\rightarrow C,$

$1 \mid r_j \mid L_{\max} + \sum D_{g,h} y_{g,h}$ 也是 NP 难的。与上一小节类似,我们针对受限制的 $G \to C, 1 \mid r_j \mid L_{\max} + \sum D_{g,h} y_{g,h}$ 问题,给出一个动态规划算法。

定义 5.3 如果具有相同就绪时间的工件是为同一个顾客而生产,那么它们将被制造商按 EDD 序加工。我们称这种性质为 EDD 批的一致性,这种加工顺序称为**批 EDD 序**。

我们假设制造商的工件具有 EDD 批的一致性。于是对于顾客 C_h,将其工件按就绪时间编号,使 $r_{1,g,h} \leqslant r_{2,g,h} \leqslant \cdots \leqslant r_{n_{g,h},g,h}$, $g = 1, 2, \cdots, G$; $h = 1$, $2, \cdots, H$,其中,$r_{j,g,h} = r_{j+1,g,h}$ 意味着 $d_{j,g,h} \leqslant d_{j+1,g,h}$ $(j = 1, 2, \cdots, n_{g,h} - 1)$。

引理 5.8 如果供应链排序问题满足 EDD 批的一致性条件,那么制造商问题的最优排序是满足批 EDD 序的。

下面,我们在 EDD 批的一致性假设下,给出问题 $G \to C, 1 \mid r_j \mid L_{\max} + \sum D_{g,h} y_{g,h}$ 的动态规划算法。这一算法与问题 $G \to C, 1 \mid r_j \mid \sum F_j + \sum D_{g,h} y_{g,h}$ 的算法相似,但需要引入新的变量 $\boldsymbol{y} = (y_{1,1}, \cdots, y_{1,H}, \cdots, y_{G,1}, \cdots, y_{G,H})$,来表示发送到每一个顾客的批的数目。

指标函数:
$$f(\boldsymbol{q}, \boldsymbol{s}, \boldsymbol{b}, \boldsymbol{y}, \bar{\boldsymbol{h}}) = f(q_{1,1}, \cdots, q_{1,H}, \cdots, q_{G,1}, \cdots, q_{G,H}, s_{1,1}, \cdots, s_{1,H}, \cdots,$$
$$s_{G,1}, \cdots, s_{G,H}, b_{1,1}, \cdots, b_{1,H}, \cdots, b_{G,1}, \cdots, b_{G,H}, y_{1,1}, \cdots, y_{1,H}, \cdots, y_{G,1}, \cdots,$$
$$y_{G,H}, \bar{h}_1, \bar{h}_2, \cdots, \bar{h}_G)$$

表示在下述(1)和(2)两个条件下,制造商 M_g 加工并分 $y_{g,h}$ 批发送工件 $(1, g, h), \cdots, (s_{g,h}, g, h)$, $g = 1, 2, \cdots, G$; $h = 1, 2, \cdots, H$ 时,工件最大延迟 $L_{\max}^M$ 的最小值。(1)工件 $(s_{g,h} + 1, g, h), \cdots, (q_{g,h}, g, h)$, $g = 1, 2, \cdots, G$; $h = 1, 2, \cdots, H$ 也要加工;(2)制造商 M_g 的最后一块要包含工件 $\{(b_{g,h} + 1, g, h), \cdots, (q_{g,h}, g, h)\}$, $g = 1, 2, \cdots, G$; $h = 1, 2, \cdots, H$,这些工件中第一个工件记为 $(b_{g,\bar{h}_g} + 1, g, \bar{h}_g)$,其中 $0 \leqslant y_{g,h} \leqslant s_{g,h} \leqslant q_{g,h} \leqslant n_{g,h}$, $0 \leqslant b_{g,h} \leqslant q_{g,h}$,如果 $\bar{h}_g > 0, 0 \leqslant \bar{h} \leqslant H$ 则有 $b_{g,\bar{h}_g} < q_{g,\bar{h}_g}$。

初始条件:
$$f(0, \cdots, 0, 0, \cdots, 0, 0, \cdots, 0, 0, \cdots, 0, 0) = 0。$$

最优值:
$$\min_{(\boldsymbol{b}, \boldsymbol{y}, \bar{\boldsymbol{h}}) \in B} \Big\{ f(n_{1,1}, \cdots, n_{1,H}, \cdots, n_{G,1}, \cdots, n_{G,H}, n_{1,1}, \cdots, n_{1,H}, \cdots, n_{G,1}, \cdots,$$
$$n_{G,H}, b_{1,1}, \cdots, b_{1,H}, \cdots, b_{G,1}, \cdots, b_{G,H}, y_{1,1}, \cdots, y_{1,H}, \cdots, y_{G,1}, \cdots, y_{G,H}, \bar{h}_1,$$
$$\bar{h}_2, \cdots, \bar{h}_G) + \sum_{g=1}^{G} \sum_{h=1}^{H} D_{g,h}^M y_{g,h} \Big\},$$

其中

$$B=\{(\pmb{b},\bar{\pmb{h}})\,|\,0\leqslant b_{g,h}\leqslant n_{g,h},0\leqslant y_{g,h}\leqslant n_{g,h},1\leqslant g\leqslant G,1\leqslant h_g\leqslant H,b_{g,\bar{h}_g}<$$

$$n_{g,\bar{h}_g},1\leqslant \bar{h}_g\leqslant H\}。$$

递推方程：

$$f(\pmb{q},\pmb{s},\pmb{b},\pmb{y},\bar{\pmb{h}})=$$

$$\min\left\{\begin{array}{l} \min\limits_{(h_1,\cdots,h_G)\in H_1}\{f(\pmb{q}',\pmb{s},\pmb{b},\pmb{y},\bar{\pmb{h}})\}, \\[2mm] \min\limits_{(h_1,\cdots,h_G)\in H_2}\Big\{\min\limits_{0\leqslant s'_{g,h}<s_{g,h}}\big\{\max\big\{\max\limits_{s'_{g,h}+1\leqslant j\leqslant q_{g,h}}\{T_g-d^M_{j,g,h}\} \\[2mm] \qquad f(\pmb{q}',\pmb{s}',\pmb{b},\pmb{y}',\bar{\pmb{h}})\big\}\big\}\Big\}, \\[2mm] \min\limits_{(b',\bar{h}'_1,\cdots,\bar{h}'_G)\in B_1}\{f(\pmb{q}'',\pmb{s},\pmb{b}',\pmb{y}',\bar{\pmb{h}}')\}, \\[2mm] \qquad 如果\ \pmb{b}=\pmb{q}'',s_{\bar{h}_g}<q_{\bar{h}_g},g=1,2,\cdots,G, \\[2mm] \min\limits_{(b',\bar{h}'_1,\cdots,\bar{h}'_G)\in B_1}\Big\{\min\limits_{0\leqslant s''_{g,\bar{h}_g}\leqslant s_{g,\bar{h}_g}}\big\{\max\big\{\max\limits_{s''_{g,\bar{h}_g}+1\leqslant j\leqslant q_{g,\bar{h}_g}}\{T_g-d^M_{j,g,\bar{h}_g}\}, \\[2mm] \qquad f(\pmb{q}'',\pmb{s}'',\pmb{b}',\pmb{y}'',\bar{\pmb{h}}')\big\}\big\}\Big\}, \\[2mm] \qquad 如果\ \pmb{b}=\pmb{q}'',s_{g,\bar{h}}=q_{g,\bar{h}} \end{array}\right\}, \quad (5.4)$$

其中

$$\pmb{y}'=(y_{1,1},\cdots,y_{1,h-1},y_{1,h}-1,y_{1,h+1},\cdots,y_{1,H},\cdots,y_{G,1},\cdots,y_{G,h-1},y_{G,h+1},\cdots,$$

$$y_{G,H}),$$

$$\pmb{y}''=(y_{1,1},\cdots,y_{1,\bar{h}_g-1},y_{1,\bar{h}_g}-1,y_{1,\bar{h}_g+1},\cdots,y_{1,H},\cdots,y_{G,1},\cdots,y_{G,\bar{h}_g-1},$$

$$y_{G,\bar{h}_g+1},\cdots,y_{G,H}),$$

$\pmb{q},\pmb{q}',\pmb{s}',\pmb{q}'',\pmb{s}'',H_1,H_2,B_1,T'$ 和 T'' 与问题 $G{\to}C,1\,|\,r_j\,|\,\sum F_j+\sum D_{g,h}y_{g,h}$ 的算法的定义相似。

递推方程(5.4)的意义与递推方程(5.3)的意义也类似。

定理 5.9　在 EDD 批的一致性假设条件下，本算法是问题 $G{\to}C$，$1\,|\,r_j\,|\,L_{\max}+\sum D_{g,h}y_{g,h}$ 的最优算法，其时间复杂性是 $O(Gn^{4GH})$。

证明： 算法的迭代过程就是在满足引理 5.6、引理 5.8 以及 EDD 批的一致性假设的所有可行排序中找出使总目标函数值达到最小的排序，因此是问题 $G{\to}C,1\,|\,r_j\,|\,L_{\max}+\sum D_{g,h}y_{g,h}$ 的最优算法。因为状态变量 $(\pmb{q},\pmb{s},\pmb{b},\pmb{y},\bar{\pmb{h}})$ 最

多有 $O(n^{4GH})$ 个状态,在递推方程(5.4)中,计算第一项需要的时间是一个常数;计算第二项每次迭代需要用时 $O(Gn)$,共在 $O(n^{4GH})$ 个状态中的 $O(n^{4GH-1})$ 个状态下执行计算;计算第三项每次迭代需要用时 $O(n^{GH})$,但只需在其中 $O(n^{2GH})$ 个状态下执行;第四项每次迭代需要用时 $O(n^{GH+1})$,它只在其中 $O(n^{2GH-1})$ 个状态下执行。因此,可得算法的时间复杂性是 $O(Gn^{4GH})$。

3. 误工工件数问题 $G \to C, 1 \mid r_j \mid \sum U_j + \sum D_{g,h} y_{g,h}$

由于经典问题 $1 \mid r_j \mid \sum U_j$ 是 NP 难问题[57],根据定理 5.1,问题 $G \to C$, $1 \mid r_j \mid \sum U_j + \sum D_{g,h} y_{g,h}$ 也是 NP 难问题。因而,我们再次在批的一致性条件下,考虑问题 $G \to C, 1 \mid r_j \mid \sum U_j + \sum D_{g,h} y_{g,h}$ 的求解办法。

对于那些按时完工的工件,我们假设他们满足 EDD 批的一致性。把这些工件按就绪时间编号,$r_{1,g,h} \leq r_{2,g,h} \leq \cdots \leq r_{n_{g,h},g,h}, g=1,2,\cdots,G, h=1, 2,\cdots,H$,其中,$r_{j,g,h} = r_{j+1,g,h}$ 意味着 $d_{j,g,h} \leq d_{j+1,g,h}$ $(j=1,2,\cdots,n_{g,h}-1)$。

下面在按时完工工件满足 EDD 批的一致性假设条件下,给出问题 $G \to C$, $1 \mid r_j \mid \sum U_j + \sum D_{g,h} y_{g,h}$ 的动态规划算法。定义指标函数的值为当前部分排序中按时完工工件的最大完工时间。引入新的状态变量来表示已经加工完成但尚未发送的不误工工件,这些工件在所有属于相同顾客的工件中交货期最小。在确定一次发送时,这个变量能够检验该批中所有工件是否都是按时完工的。

指标函数:
$f(\boldsymbol{q}, \boldsymbol{v}, \boldsymbol{y}, u) = f(q_{1,1}, \cdots, q_{1,H}, \cdots, q_{G,1}, \cdots, q_{G,H}, v_{1,1}, \cdots, v_{1,H}, \cdots, v_{G,1}, \cdots, v_{G,H}, y_{1,1}, \cdots, y_{1,H}, \cdots, y_{G,1}, \cdots, y_{G,H}, u)$ 表示在工件集 $\{(1,g,h), \cdots, (q_{g,h},g,h) \mid g=1,2,\cdots,G; h=1,2,\cdots,H\}$ 中,最后一个按时完工工件的完工时间的最小值。在为顾客 C_h 生产的工件中,已发送的按时完工工件共有 $y_{g,h}$ 批。在余下尚未发送的按时完工工件中,工件 $(v_{g,h}, g, h)$ 具有最小交货期,这里,$g=1,2,\cdots,G, h=1,2,\cdots,H$。总的误工工件个数记做 u,这里 $0 \leq y_{g,h} \leq q_{g,h} \leq n_{g,h}, 0 \leq v_{g,h} \leq q_{g,h}, 0 \leq u \leq n$。如果对于任意 $g,h,1 \leq g \leq G, 1 \leq h \leq H$,有 $v_{g,h} > 0$ 和 $f(\boldsymbol{q}, \boldsymbol{v}, \boldsymbol{y}, u) > d^M_{v_{g,h},g,h}$,那么令 $f(\boldsymbol{q}, \boldsymbol{v}, \boldsymbol{y}, u) = \infty$。对于客户 C_h,如果所有已加工的按时完工的工件都已发送,则令 $v_{g,h}=0, d_{0,g,h}=\infty, g=1,2,\cdots,G, h=1,2,\cdots,H$。

边界条件:
$$f(0,\cdots,0,0,\cdots,0,0,\cdots,0,0)=0。$$

最优值：

$$\min_{(\boldsymbol{b},\bar{h})\in B}\Big\{\sum_{g=1}^{G}u_g+\sum_{g=1}^{G}\sum_{h=1}^{H}D_{g,h}^{M}y_{g,h}\mid f(n_{1,1},\cdots,n_{1,H},\cdots,n_{G,1},\cdots,n_{G,H},0,\cdots,$$

$$0,y_{1,1},\cdots,y_{1,H},\cdots y_{G,1},\cdots,y_{G,H},u_g)<\infty,0\leqslant u_g\leqslant n_g,$$

$$0\leqslant y_{g,h}\leqslant n_{g,h},g=1,2,\cdots,G,h=1,2,\cdots,H\Big\}。$$

递推方程：

$$f(\boldsymbol{q},\boldsymbol{v},\boldsymbol{y},u)=$$

$$\min\left\{\begin{array}{l}\displaystyle\min_{(h_1,h_2,\cdots,h_G)\in H_1}\{f(\boldsymbol{q}',\boldsymbol{v},\boldsymbol{y},u-1)\},\\[2mm]\displaystyle\min_{(h_1,h_2,\cdots,h_G)\in H_2}\{p_{q_{g,h},g,h}^{M}+\max\{f(\boldsymbol{q}',\boldsymbol{v},\boldsymbol{y},u),r_{q_{g,h},g,h}^{M}\}\},\\[2mm]\displaystyle\min_{(h_1,h_2,\cdots,h_G)\in H_3}\{\min_{v_{g,h}'\in V_1}\{p_{q_{g,h},g,h}^{M}+\max\{f(\boldsymbol{q}',\boldsymbol{v}',\boldsymbol{y},u),r_{q_{g,h},g,h}^{M}\}\}\},\\[2mm]\displaystyle\min_{(h_1,h_2,\cdots,h_G)\in H_4}\{\min_{v_{g,h}'\in V_2}\{p_{q_{g,h},g,h}^{M}+\max\{f(\boldsymbol{q}',\boldsymbol{v}',\boldsymbol{y}',u),r_{q_{g,h},g,h}^{M}\}\}\}\end{array}\right\},$$

$$(5.5)$$

其中

$$\boldsymbol{q}'=(q_{1,1},\cdots,q_{1,h-1},q_{1,h}-1,q_{1,h+1},\cdots,q_{1,H},\cdots,q_{G,1},\cdots,q_{G,h-1},q_{G,h+1},$$
$$\cdots,q_{G,H}),$$

$$\boldsymbol{v}'=(v_{1,1},\cdots,v_{1,h-1},v_{1,h}-1,v_{1,h}',\cdots,v_{1,H},\cdots,v_{G,1},\cdots,v_{G,h-1},v_{G,h}',$$
$$v_{G,h+1},\cdots,v_{G,H}),$$

$$\boldsymbol{y}'=(y_{1,1},\cdots y_{1,h-1},y_{1,h}-1,y_{1,h+1},\cdots,y_{1,H},\cdots,y_{G,1},\cdots,y_{G,h-1},y_{G,h+1},\cdots,$$
$$y_{G,H}),$$

$$H_1=\{(h_1,h_2,\cdots,h_G)\mid 1\leqslant g\leqslant G,1\leqslant h_g\leqslant H,0\leqslant v_{g,h}<q_{g,h}\},$$

$$H_2=\{(h_1,h_2,\cdots,h_G)\mid 1\leqslant g\leqslant G,1\leqslant h_g\leqslant H,0\leqslant v_{g,h}<q_{g,h},d_{v_{g,h},g,h}^{M}\leqslant$$
$$d_{q_{g,h},g,h}^{M}\},$$

$$H_3=\{(h_1,h_2,\cdots,h_G)\mid 1\leqslant g\leqslant G,1\leqslant h_g\leqslant H,v_{g,h}=q_{g,h}>0\},$$

$$H_4=\{(h_1,h_2,\cdots,h_G)\mid 1\leqslant g\leqslant G,1\leqslant h_g\leqslant H,v_{g,h}=0,0<q_{g,h}\},$$

$$V_1=\{v_{g,h}'\mid v_{g,h}'=0,\text{或者}0\leqslant v_{g,h}<q_{g,h},d_{v_{g,h}',g,h}^{M}>d_{q_{g,h},g,h}^{M}\},$$

$$V_2=\{v_{g,h}'\mid 0\leqslant v_{g,h}'<q_{g,h},\max\{f(q',v',y',u),r_{q_{g,h},g,h}^{M}\}+p_{q_{g,h},g,h}^{M}\leqslant$$
$$\min\{d_{v_{g,h}',g,h}^{M},d_{q_{g,h},g,h}^{M}\}\}。$$

在递推方程(5.5)中，右边第一项表示工件$(q_{g,h},g,h)$将被延误，然而其他三项中，工件$(q_{g,h},g,h)$能够按时完工。第二项表示当工件$(q_{g,h},g,h)$完工时，没有工件批发送，并且工件$(v_{g,h},g,h)$保持其在为顾客C_h加工的尚未发送的工件中交货期最小。第三项也表示当工件$(q_{g,h},g,h)$完工时,没有确定批的发送,但是由V_1的定义可以看出,工件$(q_{g,h},g,h)$要么是为顾客C_h加工的按时完工并且还没发送的唯一的工件,要么它的交货期比工件$(v'_{g,h},g,h)$的小,而工件$(v'_{g,h},g,h)$是在前一阶段中所有为顾客C_h加工、按时完工但还未发送的工件中交货期最小者。因此第三项只在$v_{g,h}=q_{g,h}$时才参与计算。第四项表示在工件$(q_{g,h},g,h)$完工时确定发送批,所以它也仅在$v_{g,h}=0$时参与计算。V_2的定义保证了已确定发送的批中工件均按时完工。

定理 5.10　在关于按时完工工件的 EDD 批的一致性假设条件下,上述动态规划算法是问题$G{\to}C,1\mid r_j\mid\sum U_j+\sum D_{g,h}y_{g,h}$的最优算法,其时间复杂性是$O(Gn^{3GH+1})$。

证明:利用引理 5.6 和关于按时完工工件的 EDD 批的一致性假设,并根据迭代过程可知,本算法是在所有满足最优排序性质的可行排序中找出使目标函数达到最小的排序,因此是最优算法。在算法的执行过程中,状态变量(q,v,y,u)最多有$O(n^{3GH+1})$种。在递推方程(5.5)中,计算前两项需要的时间都是常数。计算第三项时,每次送带需要用时$O(Gn)$,但是它只对某些$g,h,(g=1,2,\cdots,G;h=1,2,\cdots,H)$在$v_{g,h}=q_{g,h}$时执行,符合这样条件的状态共有$O(n^{3GH})$个。类似地,计算第四项每次送带需要用时$O(Gn)$,它也只对某些$g,h(g=1,2,\cdots,G;h=1,2,\cdots H)$,在$v_{g,h}=0$时执行,这样的状态共有$O(n^{3GH})$个。因此,算法的时间复杂性是$O(Gn^{3GH+1})$。

现在讨论工件带权的误工问题$1\mid r_j\mid\sum w_jU_j+\sum D_{g,h}y_{g,h}$。用$W$表示所有工件的权之和。

定理 5.11　若按时完工的工件满足 EDD 批的一致性假设,则问题$G{\to}C$,$1\mid r_j\mid\sum w_jU_j+\sum D_{g,h}y_{g,h}$存在时间复杂性为$O(Gn^{3GH}W)$的最优算法。并且,在 EDD 批的一致性假设条件下,问题$G{\to}C,1\mid r_j\mid\sum w_jU_j+\sum D_{g,h}y_{g,h}$是 NP 难的。

证明:我们只需要对问题$G{\to}C,1\mid r_j\mid\sum U_j+\sum D_{g,h}y_{g,h}$的算法稍加修改,就可以得到带权误工问题$G{\to}C,1\mid r_j\mid\sum w_jU_j+\sum D_{g,h}y_{g,h}$的算法。把状态变量$u$重新定义,令它表示误工工件的权之和。通过这样的修改,所得算法的时间复杂性由原来$O(Gn^{3GH+1})$变为现在的$O(Gn^{3GH}W)$。我们知道经典问题$1\mid r_j\mid\sum w_jU_j$是 NP 难问题[58],再根据定理 5.1,即得到定理 5.11的第二个结论。

第6章 双代理排序问题

6.1 单台机器的双代理问题 $1 \parallel \varepsilon \left(\sum w_j V_j^A(\boldsymbol{\sigma}) : \sum C_j^B(\boldsymbol{\sigma}) \right)$

在单台机器上存在两个代理 A 和 B，其工件集分别为 $J^A = \{ J_1^A, J_2^A, \cdots, J_{n_A}^A \}$ 和 $J^B = \{ J_1^B, J_2^B, \cdots, J_{n_B}^B \}$，其中 $n_A + n_B = n$。工件 J_j^X 的误工损失 V_j^X 定义为 $V_j^X = \min\{ (C_j^X - d_j^X)^+, p_j^X \}$，这里的 $x^+ = \max\{x, 0\}$，C_j^X 和 d_j^X 分别表示为工件 J_j^X 的完工时间和工期，$X = \{A, B\}$。令序列 $\boldsymbol{\sigma}$ 为可行序列，工件 J_i^X 在序列 $\boldsymbol{\sigma}$ 中的开始加工时间和完工时间分别为 $s_i^X(\boldsymbol{\sigma})$ 和 $C_i^X(\boldsymbol{\sigma})$。本节考虑的排序模型为 $1 \parallel \varepsilon \left(\sum w_j V_j^A(\boldsymbol{\sigma}) : \sum C_j^B(\boldsymbol{\sigma}) \right)$，其中约束优化问题 $\varepsilon(f^A, f^B)$ 是指找到一个序列 $\boldsymbol{\pi}$，满足 $f^B(\boldsymbol{\pi}) \leqslant Q$ 时 $f^A(\boldsymbol{\pi})$ 取得最小值。

6.1.1 问题的复杂性

本节将利用背包问题归结，说明排序问题 $1 \parallel \varepsilon \left(\sum w_j V_j^A : \sum C_j^B \right)$ 是一般意义下 NP 难的。

定理 6.1 问题 $1 \parallel \varepsilon \left(\sum w_j V_j^A : \sum C_j^B \right)$ 是一般意义下 NP 难的。

证明：通过将背包问题作为归结，证明问题 $1 \parallel \sum w_j V_j^A \leqslant Q_A : \sum C_j^B \leqslant Q_B$ 的复杂性。很显然该问题的判定问题属于 NP 类的。给定背包问题的一个实例 $\{ \mu_1, \mu_2, \cdots, \mu_n \}, \{ \nu_1, \nu_2, \cdots, \nu_n \}, b, W$ 和 $\mathcal{U} = \sum_{j=1}^n u_j, \mathcal{W} = \sum_{j=1}^n w_j$，并通过多项式时间内的构造问题 $1 \parallel \sum w_j V_j^A \leqslant Q_A : \sum C_j^B \leqslant Q_B$ 的如下实例来证明本定理：

存在 $n+1$ 工件，其中 $n_A(=n), n_B(=1)$。代理 A 的加工时间、权重、工件分别为 $p_j^A = \mu_j, w_j = \nu_j, d_j^A = b, j = 1, 2, \cdots, n$；代理 B 的加工时间 $p_1^B = \mathcal{U}\mathcal{W}$。门槛值为 $Q_A = p_1^B(1 + \mathcal{W} - W)$ 和 $Q_B = p_1^B + b$。

很显然这种构造可以在多项式时间内完成。接下来证明背包问题有一个解当且仅当排序问题 $1 \parallel \sum w_j V_j^A \leqslant Q_A : \sum C_j^B \leqslant Q_B$ 也有一个解。

给定背包问题的一个可行解，定义当前排序问题的一个可行序列 $\boldsymbol{\sigma}$ 的一个实例：代理 A 的部分序列排在代理 B 的工件之前，其余的代理 A 的工件排在后面，则代理 B 的工件的完工时间不超过 $p_1^B + b = Q_B$。

注意到代理 A 的工件在 $t=0$ 时刻开始加工，则代理 A 的工件的完工时间为

$$\sum w_j V_j^A = \sum w_j \min\{(C_j^A - d_j^A)^+, p_j^A\}$$
$$\leqslant \sum_{j \notin \mathcal{S}} w_j p_j^A \leqslant \sum_{j \notin \mathcal{S}} w_j C_j^A$$
$$= \sum_{j \notin \mathcal{S}} w_j^A (C_j^A - p_1^B) + p_1^B \big(\sum_{j \notin \mathcal{S}}^n w_j\big)$$
$$\leqslant p_1^B (1 + \mathcal{W} - W) = Q_A.$$

反过来，假设存在一个可行序列 $\boldsymbol{\sigma}$，满足 $\sum w_j V_j^A(\boldsymbol{\sigma}) \leqslant Q_A$, $\sum C_j^B(\boldsymbol{\sigma}) \leqslant Q_B$。令代理 A 的工件集 $\{J_j^A | j \in \mathcal{S}\}$ 排在代理 B 的工件之后，随后是代理 A 的其余工件，则有 $Q_A = (1 + \mathcal{W} - W)p_1^B = p_1^B + (\mathcal{W} - W)p_1^B > p_1 \sum_{j \notin \mathcal{S}} \nu_j$。

进而有 $1 + \mathcal{W} - W > \sum_{j \notin \mathcal{S}} \nu_j$。注意到工件的权重和加工时间均为正整数，则 $\mathcal{W} - W \geqslant \sum_{j \notin \mathcal{S}} \nu_j$。因此有 $\sum_{i \in \mathcal{S}} \nu_i \leqslant W$。此外集合 $\mathcal{S}$ 的工件排在代理 B 的工件之后，则有 $\sum_{j \in \mathcal{S}} p_j \leqslant Q_B - p_1^B = b$，那么集合是背包问题的一个可行解。

6.1.2　问题的动态规划算法

为了构造动态规划算法，提供随后的定义和引理，进而阐述最优的性质和结构。

定义 6.1　如果工件 J_j 排在工件 J_k 之后，且 $d_j < d_k$，则工件 J_j 是干涉工件。

引理 6.1　对于问题 $1 \| \sum w_j V_j^A : \sum C_j^B$，存在一个最优序列使得任何代理 B 之间的代理 A 的工件不存在误工损失工件，且代理 B 的工件按照最小加工时间先排的规则排列，即 SPT 序。

证明：根据误工损失的定义，仅仅证明定理的后半部分，注意到 $p_j^B \geqslant p_i^B$。对于任何序列 $\boldsymbol{\sigma} = (\cdots, J_j^B, \cdots, J_i^B, \cdots)$，令 $\boldsymbol{\sigma}' = (\cdots, J_i^B, \cdots, J_j^B, \cdots)$ 是通过交换序列 $\boldsymbol{\sigma}$ 中的两个工件获得的，且假设工件 J_j^B 的开工时间为 t_0，在序列 $\boldsymbol{\sigma}$ 中工件 J_j^B 和工件 J_i^B 之间的工件加工时间之和为 L。对于序列 $\boldsymbol{\sigma}$ 和 $\boldsymbol{\sigma}'$，有

$$C_j^B(\boldsymbol{\sigma}) = t_0 + p_j^B, \quad C_i^B(\boldsymbol{\sigma}) = t_0 + p_j^B + L + p_i^B;$$

$$C_i^B(\boldsymbol{\sigma}') = t_0 + p_i^B, \quad C_j^B(\boldsymbol{\sigma}') = t_0 + p_i^B + L + p_j^B。$$

进而有

$$\sum C_j^B(\boldsymbol{\sigma}) - \sum C_j^B(\boldsymbol{\sigma}') \geqslant C_j^B(\boldsymbol{\sigma}) + C_i^B(\boldsymbol{\sigma}) - C_i^B(\boldsymbol{\sigma}') - C_j^B(\boldsymbol{\sigma}')$$
$$= p_j^B - p_i^B \geqslant 0。$$

此外在序列 $\boldsymbol{\sigma}$ 和 $\boldsymbol{\sigma}'$ 中,工件 J_i 和 J_j 之间的工件,以及在 $t_0 + p_j^B + L + p_i^B$ 之后的工件是相同的。交换后,工件 J_i 和 J_j 之间的工件的完工时间不会增加,因此总误工损失也不会增加。

引理 6.2　对于问题 $1 \| \varepsilon \left(\sum w_j V_j^A : \sum C_j^B \right)$,最优序列满足以下的性质:

(1) 具有相同工期的工件按照权重非增的顺序排列;

(2) 误工工件的权重不超过部分提前完工工件的权重;

(3) 对于工件 $J_j^A (j = 1, 2, \cdots, n_A)$,最多一个工件 $J_k^A (k < j)$ 排在工件 J_j^A 之后。

证明:假设存在一个最优序列 $\boldsymbol{\sigma}_1$ 不满足性质 (1),即工件 J_j^A 排在工件 J_k^A 之后,且 $d_j^A = d_k^A$ 和 $w_j^A \leqslant w_k^A$。

如果工件 J_j^A 和工件 J_k^A 均是提前完工的,那么 $V_j^A(\boldsymbol{\sigma}_1) = 0, V_k^A(\boldsymbol{\sigma}_1) = 0$,因此按照权重非增的顺序排列仍然是最优序列。

如果工件 J_j^A 是提前完工的,工件 J_k^A 是部分提前完工的。接下来分为两种情况讨论 (i) $V_k^A \geqslant p_j^A$。通过把工件 J_j^A 移到最后,获得新的序列 $\boldsymbol{\sigma}_1'$,注意到在序列 $\boldsymbol{\sigma}_1'$ 中工件 J_j^A 是完全误工的。则有 $V_j^A(\boldsymbol{\sigma}_1') = p_j^A$ 和 $V_k^A(\boldsymbol{\sigma}_1') = V_k^A(\boldsymbol{\sigma}_1) - p_j^A$。在序列 $\boldsymbol{\sigma}_1'$ 中代理 B 的完工时间没有增加,则有

$$\sum w_j V_j^A(\boldsymbol{\sigma}_1') - \sum w_j V_j^A(\boldsymbol{\sigma}_1)$$
$$\leqslant w_j V_j^A(\boldsymbol{\sigma}_1') + w_k V_k^A(\boldsymbol{\sigma}_1') - w_l V_j^A(\boldsymbol{\sigma}_1) - w_k V_k^A(\boldsymbol{\sigma}_1)$$
$$= p_j^A(w_j - w_k) \leqslant 0。$$

这与序列 $\boldsymbol{\sigma}_1$ 的最优性矛盾。

(ii) $0 \leqslant V_k^A < p_j^A$。把工件 J_j^A 移到工件 J_k^A 之后其余工件不动,构成新的序列 $\boldsymbol{\sigma}_1'$。显然有 $V_k^A(\boldsymbol{\sigma}_1') = 0$ 和 $V_j^A(\boldsymbol{\sigma}_1') = V_k^A(\boldsymbol{\sigma}_1)$,因此可以得到

$$\sum w_j V_j^A(\boldsymbol{\sigma}_1') - \sum w_j V_j^A(\boldsymbol{\sigma}_1)$$
$$\leqslant w_j V_j^A(\boldsymbol{\sigma}_1') + w_k V_k^A(\boldsymbol{\sigma}_1') - w_l V_j^A(\boldsymbol{\sigma}_1) - w_k V_k^A(\boldsymbol{\sigma}_1)$$
$$= V_k^A(\boldsymbol{\sigma}_1)(w_j - w_k) \leqslant 0。$$

注意到代理 B 的完工时间不会增加,因此这与序列 $\boldsymbol{\sigma}_1$ 的最优性矛盾。

引理的第二部分,仅仅考虑序列 $\boldsymbol{\sigma}_2$ 中的两个相邻的工件,即,J_i^A 是最后

一个提前完工或部分提前完工工件，工件 J_j^A 是第一个误工损失工件，且 $w_i \geqslant w_j$。

交换工件 J_i^A 和工件 J_j^A 得到一个新的序列 $\boldsymbol{\sigma}_2'$。进而假设在序列 $\boldsymbol{\sigma}_2$ 中，工件 J_i^A 的开始加工时间为 ι。因此有 $V_i^A(\boldsymbol{\sigma}_2) = (t + p_i^A - d_l^A)^+$ 和 $V_j^A(\boldsymbol{\sigma}_2) = p_j^A$。在序列 $\boldsymbol{\sigma}_2'$，有 $V_j^A(\boldsymbol{\sigma}_2') = \min\{p_j^A, (t + p_j^A - d_l^A)^+\}$ 和 $V_i^A(\boldsymbol{\sigma}_2') = \min\{p_i^A, (t + p_i^A + p_j^A - d_l^A)^+\}$。

接着有序列 $\boldsymbol{\sigma}_2'$ 存在以下的两种情况：

(i) 工件 J_i^A 是误工的，且工件 J_j^A 是部分提前的，则有

$$w_i V_i^A(\boldsymbol{\sigma}_2) + w_j V_j^A(\boldsymbol{\sigma}_2) - w_i V_i^A(\boldsymbol{\sigma}_2') - w_j V_j^A(\boldsymbol{\sigma}_2')$$
$$= w_i(t + p_i^A - d_l^A)^+ + w_j p_j^A - w_i p_i^A - w_j(t + p_j^A - d_l^A).$$

注意到在序列 $\boldsymbol{\sigma}_2$ 中工件 J_i^A 是最后的提前完工工件或者是部分提前完工工件，则有 $d_l^A - t \leqslant p_i^A$。进而有

$$w_i V_i^A(\boldsymbol{\sigma}_2) + w_j V_j^A(\boldsymbol{\sigma}_2) - w_i V_i^A(\boldsymbol{\sigma}_2') - w_j V_j^A(\boldsymbol{\sigma}_2') \leqslant (w_j - w_i) p_i^A \leqslant 0$$
$$w_i V_i^A(\boldsymbol{\sigma}_2) + w_j V_j^A(\boldsymbol{\sigma}_2) - w_i V_i^A(\boldsymbol{\sigma}_2') - w_j V_j^A(\boldsymbol{\sigma}_2') \leqslant w_j(d_l^A - t) - w_i p_i^A \leqslant 0.$$

在序列 $\boldsymbol{\sigma}_2'$ 中，由于 $C_j^A(\boldsymbol{\sigma}_2) = C_j^A(\boldsymbol{\sigma}_2')$，工件 J_i^A 之后的工件的误工损失没有改变。故序列 $\boldsymbol{\sigma}_2$ 支配序列 $\boldsymbol{\sigma}_2'$。

如果工件 J_i^A 是部分提前的工件，则工件 J_j^A 一定是提前的。因此有

$$w_i V_i^A(\boldsymbol{\sigma}_2) + w_j V_j^A(\boldsymbol{\sigma}_2) - w_i V_i^A(\boldsymbol{\sigma}_2') - w_j V_j^A(\boldsymbol{\sigma}_2')$$
$$= w_i(t + p_i^A - d_l^A)^+ + w_j p_j^A - w_i(t + p_j^A + p_i^A - d_l^A),$$

进而

$$w_i V_i^A(\boldsymbol{\sigma}_2) + w_j V_j^A(\boldsymbol{\sigma}_2) - w_i V_i^A(\boldsymbol{\sigma}_2') - w_j V_j^A(\boldsymbol{\sigma}_2') = w_j(d_l^A - t) \leqslant 0,$$
$$w_i V_i^A(\boldsymbol{\sigma}_2) + w_j V_j^A(\boldsymbol{\sigma}_2) - w_i V_i^A(\boldsymbol{\sigma}_2') - w_j V_j^A(\boldsymbol{\sigma}_2') \leqslant (w_j - w_i) p_j^A \leqslant 0.$$

在序列 $\boldsymbol{\sigma}_2'$ 中，由于 $C_j^A(\boldsymbol{\sigma}_2) = C_j^A(\boldsymbol{\sigma}_2')$ 工件 J_i^A 之后的工件的误工损失没有改变。故序列 $\boldsymbol{\sigma}_2$ 支配序列 $\boldsymbol{\sigma}_2'$。

最后假设序列 $\boldsymbol{\sigma}_3$ 是一个满足性质(1)，(2)，但是不满足性质(3)的可行序列。存在三个工件 J_i^A, J_j^A 和 J_k^A 使得工件 J_k^A 排在工件 J_j^A 和 J_i^A 之前，其中 $i < k, j < k$。不失一般性，假设工件 J_i^A 排在工件 J_j^A 之前。注意到 $d_i^A \leqslant d_k^A$，$d_j^A \leqslant d_k^A$，则工件 J_j^A 是部分提前或者提前工件，且 $C_i^A(\boldsymbol{\sigma}_3) < d_j^A$。这意味着 $C_i^A(\boldsymbol{\sigma}_3) < d_k^A$。通过转移工件 J_k^A 嵌入工件 J_i^A 之后，其余工件顺序不变，构成新的序列 $\boldsymbol{\sigma}_3'$。很显然除了工件 J_k^A，在序列 $\boldsymbol{\sigma}_3'$ 中所有的工件的完工时间不会增加。由于 $C_i^A(\boldsymbol{\sigma}_3) = C_k^A(\boldsymbol{\sigma}_3') < d_k^A$，代理 B 的总完工时间不会增加。同时性

质(1)和性质(2)在序列 $\boldsymbol{\sigma}_3'$ 下仍然成立,通过重复以上的讨论,可以证明性质(3)仍然成立的,证毕。

引理给出了一个代理 A 的最优的非误工序列,接着给出了一个 EDD 极大非误工序列构成一个动态规划算法:

定义 6.2　EDD 极大非误工序列是指如果在任何逆对 kj 中交换工件 J_j^A 和 J_k^A,将会增加代理 A 的工件的总权误工损失,其中逆对 kj 表示一个干涉序列,那么此干涉序列所在序列是 EDD 极大非误工序列。

事实上如果在 EDD 极大非误工序列 $\boldsymbol{\sigma}$,kj 是一个逆对,则工件 J_k^A 是提前完工的,工件 J_j^A 是部分提前完工的。注意到 $d_j^A \leqslant d_k^A$,如果工件 J_k^A 是部分提前完工的,则有 $C_k^A > d_k^A > d_j^A$,且工件 J_j^A 是误工的。因此工件 J_j^A 将不会出现在序列 $\boldsymbol{\sigma}$ 中。另一方面如果工件 J_j^A 是提前完工的,则工件 J_k^A 也是提前完工的。通过把工件 J_k^A 直接移到工件 J_j^A 之后得到新的序列 $\boldsymbol{\sigma}'$,其余的代理 A 和代理 B 的工件和序列 $\boldsymbol{\sigma}$ 具有相同的顺序,因此除了工件 J_k^A 序列 $\boldsymbol{\sigma}'$ 的工件的完工时间不会增加。然而 $C_k^A(\boldsymbol{\sigma}') = C_j^A(\boldsymbol{\sigma}) < d_j^A < d_k^A$,则 $V_k^A(\boldsymbol{\sigma}') = 0$。这就意味着序列 $\boldsymbol{\sigma}$ 不是一个 EDD 极大非误工序列。

引理 6.3　对于问题 $1 \parallel \varepsilon \left(\sum w_j V_j^A : \sum C_j^B \right)$,在最优序列中,干涉工件之间不存在任何代理 B 的工件。

证明: 如果在 EDD 极大非误工序列 $\boldsymbol{\sigma}$ 中 kj 是一个逆对,则工件 J_k^A 是提前完工的,工件 J_j^A 是部分提前完工的。假设工件 J_l^B 排在工件 J_k^A 和工件 J_j^A 之间。通过交换工件 J_k^A 和工件 J_l^B 得到一个新的序列 $\boldsymbol{\sigma}'$,则工件 J_k^A 和工件 J_j^A 不存在任何代理 B 的工件。进一步,在序列 $\boldsymbol{\sigma}'$ 中工件 J_k^A 也是提前完工的,且工件 J_j^A 是部分提前完工的,因此有 $C_l^B(\boldsymbol{\sigma}') = C_l^B(\boldsymbol{\sigma}) - p_k^A < C_l^B(\boldsymbol{\sigma})$。注意到代理 A 和代理 B 的工件,除了工件 J_k^A 和工件 J_l^B,其他工件的完工时间没有增加,证毕。

构建集合 $\Psi_{kj}(t) = \{i \mid d_i^A < d_k^A, p_i^A < t < p_i^A + d_i^A, i = 1, 2, \cdots, k-1\}$,即选择某个工件 J_j^A 作为部分提前完工工件。首先把代理 A 的工件按照 EDD 序进行排列,其中工件 J_j^A 作为误工工件、提前完工工件或者部分提前完工工件,干涉工件或者非干涉工件进行讨论。代理 B 的工件按照 SPT 序进行排列。在任何阶段,存在最多一个代理 A 的工件被干涉。动态规划算法将枚举所有可能的干涉工件,也就是把工件分为干涉工件和非干涉工件。变量 j 表示工件 $J_1^A, J_2^A, \cdots, J_j^A$ 已经被考虑。如果 $i \neq 0$,状态空间 $(i, y, t, q(y))$ 表示工件 J_i^A 被干涉,否则不存在干涉工件,且当前已经加工工件 $J_1^B, J_2^B, \cdots, J_y^B$ 的总完工时间为 q,工件集

$\{J_1^A,J_2^A,\cdots,J_j^A\}-\{J_i^A\}$ 的提前完工工件或者部分提前完工工件的开工时间为 t。动态规划算法的递推方程的定义如下：状态变量 $f_j(i,y,t,q(y))$ 表示当前工件集 $J_1^A,J_2^A,\cdots,J_j^A$ 和 $J_1^B,J_2^B,\cdots,J_y^B$ 的最小化总权误工损失。

递推方程：

$f_j(0,y,t,q(y))$

$$
=\begin{cases}
\min\{f_{j-1}(0,y,t,q(y))+w_jp_j^A,f_{j-1}(0,y,t-p_j^A,q(y))+ \\
\quad w_j\max\{t-p_j^A,0\}+f_{j-1}(i,y,t-p_i^A-p_j^A,q(y))+ \\
\quad w_i(t-p_i^A-d_i^A)\},t<d_j^A+p_j^A, \\
\min\{f_{j-1}(0,y,t-p_j^A,q(y))+w_j\max\{t-p_j^A,0\}+ \\
\quad f_{j-1}(i,y,t-p_i^A-p_j^A,q(y))+w_i(t-p_i^A-d_i^A)\},t\geqslant d_j^A+p_j^A, \\
\quad f_{j-1}(0,y-1,t-p_j^B,q(y-1)-t),J_j\in B;
\end{cases}
$$

$f_j(i,y,t,q(y))$

$$
=\begin{cases}
\min\{f_{j-1}(i,y,t,q(y))+w_jp_j^A,f_{j-1}(i,y,t-p_j^A,q(y))\}, & t<d_i^A, \\
\infty, & t\geqslant d_i^A, \\
f_{j-1}(i,y-1,t-p_j^B,q(y-1)-t), & J_j\in B;
\end{cases}
$$

$f_j(j,y,t,q(y))$

$$
=\begin{cases}
\min\{f_{j-1}(0,y,t,q(y))+w_jp_j^A, & t<d_j^A, \\
\infty, & t\geqslant d_j^A, \\
f_{j-1}(j,y-1,t-p_j^B,q(y-1)-t), & J_j\in B。
\end{cases}
$$

初始条件：

$f_0(0,0,0,0)=0,f_0(0,y,q(y),q(y))=0,$ 其余的初始条件限定为无穷大。

最优值：

$$
\min f_{n^A}(n_A,n_B,\sum p_j^A+\sum p_j^B,Q)。
$$

递推方程的解释如下：对于 $t<d_j^A+p_j^A$，计算 $f_j(0,y,t,q(y))$ 将被分为三种情形工件 J_j^A 是误工的，　工件 J_j^A 被安排在区间 $[t-p_j^A,t]$，工件 J_j^A 和干涉工件 J_i^A 被连续的排在区间 $[t-p_j^A-p_i^A,t]$。对于最后一种情形，根据 $\Psi_{kj}(t)$ 的定义，则工件 J_j^A 是提前的，且工件 J_i^A 是部分提前的，此时工件 J_i^A 的加权误工损失增加。对于 $t\geqslant d_j^A+p_j^A$，除了工件 J_j^A 不可能是部分提前的，其他情形相似的第一种情形的计算方法。最后一种情形考虑工件 J_j^B 被安排。

在第二个递推方程中,$t \geqslant d_j^A$,则意味着工件 J_j^A 一定是误工的,且不是干涉工件。因此 $f_j(i,y,t,q(y))$ 的计算将被 $t < d_i^A$ 所决定。最终 $f_j(j,y,t,q(y))$ 也将被 $t < d_i^A$ 所确定,否则的话工件 J_j^A 是误工的。注意到 $f_j(i,y,t,q(y))$ 的递推方程能够解决,其中 $i,j = 0,1,\cdots,n_A$,$y = 0,1,\cdots,n_B$,$t \leqslant \sum p_j^A + \sum p_j^B$,代理 B 的总加工时间不超过 Q,且 $|\Psi_{kj}(t)| < n$。则动态规划的总的运行时间为 $O(n_A^2 n_B(\sum p_j^A + \sum p_j^B)Q)$。很显然该算法是一个伪多项式时间算法。

6.2　自由作业的递推刻画

本节考虑两台自由作业机器,自由作业机器是每个工件以任意次序在 2 台机器上加工。这一节用 p_{i1}^X,p_{i2}^X 表示工件 J_i^X 在机器 M_1 和机器 M_2 上的加工时间。其中 $X = \{A,B\}$。特别地,所有工件都可以在零时刻开始加工。目标是找到一个排序使得代理 B 的最大完工时间小于等于一固定常数时,代理 A 最小化最大完工时间。

假设 $\boldsymbol{\sigma}$ 是对于所有工件 $J = J^A \bigcup J^B$ 的一个可行排序,$s_{ij}^X(\boldsymbol{\sigma})$,$C_{ij}^X(\boldsymbol{\sigma})$ 表示在排序 $\boldsymbol{\sigma}$ 中,工件 J_i^X 在机器 M_j 上的开始加工时间、完工时间。在两台机器的自由作业排序中,考虑最普通的函数,即某个代理的最大完工时间 $C_{\max}^X$,用 α 表示 $C_{\max}^B$ 的权重系数。所以在本节中讨论两个问题:

(1) $O_2 \parallel C_{\max}^A(\boldsymbol{\sigma}) : C_{\max}^B(\boldsymbol{\sigma})$;

(2) $O_2 \parallel C_{\max}^A + \alpha C_{\max}^B$。

为了方便书写,令集合 $N(J^X) = \{1,2,\cdots,n_X\}$,$X = \{A,B\}$。用 J_i 表示第 i 个工件,$i \in N(J)$;p_{ij} 表示工件 i 在机器 M_j 上的加工时间;s_{ij} 和 s_{ij}^X 分别表示 $s_{ij}(\boldsymbol{\sigma})$ 和 $s_{ij}^X(\boldsymbol{\sigma})$;$C_{ij}$,$C_{ij}^X$ 和 $C_{\max}^X$ 分别表示 $C_{ij}(\boldsymbol{\sigma})$,$C_{ij}^X(\boldsymbol{\sigma})$ 和 $C_{\max}^X(\boldsymbol{\sigma})$。

定义 6.3[7]　最长它机加工时间优先排序(the Longest Alternate Processing Time First)即 LAPT 规则,也称 LAPT 序:当一台机器出现空闲时,在所有未加工的工件中,选取在另一台机器上具有最长加工时间的工件在该台机器上加工。特别强调,当一台机器发生空闲时,已经在另一台机器上加工完毕的工件在该台机器上加工的优先级最小。

注意:在 $t = 0$ 时,两台机器均空闲,由 LAPT 规则可知,某工件可能在两台机器上同时第一个加工,此时该工件在任一台机器上加工均可。

6.2.1 问题 $O_2 \parallel C_{\max}^A(\boldsymbol{\sigma}):C_{\max}^B(\boldsymbol{\sigma})$

本节考虑最简单的目标函数是代理 B 的最大完工时间小于等于固定常数，代理 A 最小化最大完工时间问题。首先分析该目标函数的复杂性。将给出一些定理用来提出一个伪多项式算法。然后根据 LAPT 规则提出一个近似算法。最后，通过熟悉的划分问题证明目标函数 $O_2 \parallel C_{\max}^A:C_{\max}^B$ 是 NP 难的。

定理 6.2 问题 $O_2 \parallel C_{\max}^A:C_{\max}^B$ 是 NP 难的。

证明：上述问题显然属于 NP 类的，根据上面的划分问题假设存在正整数 $p_1,p_2,\cdots,p_n$ 和 P，使得问题 $O_2 \parallel C_{\max}^A:C_{\max}^B$ 是 NP 难的。

设代理 A,B 共有 $k+1$ 个工件，即 $n=k+1$。其中代理 A 有 k 个工件，代理 B 有且仅有一个工件，即 $n_A=k$，$n_B=1$。设代理 A 的所有工件在机器 M_1 和机器 M_2 加工时间为 $p_{i1}^A=p_{i2}^A=p_i$；代理 B 的所有工件在机器 M_1 和机器 M_2 加工时间为 $p_1^B=p_2^B=P$，特别地，取 $Q_A=3P$，$Q_B=2P$。

上面的所取得实际例子是有可行解的，接着给出一个划分实例使得当且仅当存在一个可行排序 $\boldsymbol{\sigma}$，使得 $C_{\max}^A \leqslant Q_A$，$C_{\max}^B \leqslant Q_B$ 成立。

接下来将证明当划分问题有解时排序问题也有解。要使 $C_{\max}^A \leqslant Q_A$，$C_{\max}^B \leqslant Q_B$ 成立只有当代理 B 的工件在一台机器上的开始加工时间是 0，在另一台机器上的开始加工时间是 P。因此代理 B 的完工时间是 $2P$。满足这个条件的排序有两种，下面就一种情况给出证明。

设存在一个子集和 S，定义一个可行排序 $\boldsymbol{\sigma}$。规定这个排序满足在机器 M_1 上，代理 A 的所有工件都排在代理 B 的后面；而在机器 M_2 上，代理 A 的部分工件（即 $\{J_i^A \mid i \in S\}$）排在代理 B 之前，A 中剩下的工件排在代理 B 之后。

显然可知，代理 A 的工件在 $t=0$ 时刻可以在机器 M_2 上开始加工。由 $\sum\limits_{i \in S} p_{i2}^A=P$，可以得到在排序 $\boldsymbol{\sigma}$ 中，代理 B 的总完工时间为

$$C_{\max}^B(\boldsymbol{\sigma})=\max\Big\{p_1^B,\sum_{i \in S} p_{i2}^A\Big\}+p_2^B=2P,$$

其中，$p_1^B=\varepsilon$ 表示代理 B 的工件在机器 M_1 上的完工时间，$\sum\limits_{i \in S} p_{i2}^A$ 表示代理 A 属于 $\{J_i^A \mid i \in S\}$ 里面的工件在机器 M_2 上的完工时间。则代理 A 的总完工时间为

$$C_{\max}^A=\max\Big\{p_1^B+\sum_{i=1}^k p_{i1}^A,p_2^B+\sum_{i=1}^k p_{i2}^B\Big\}=3P,$$

则对于排序 $\boldsymbol{\sigma}$ 有 $C_{\max}^A(\boldsymbol{\sigma}) \leqslant 3P$，$C_{\max}^B(\boldsymbol{\sigma}) \leqslant 2P$。

下证排序问题有解，则划分问题也有解。

相反地,设存在一个可行排序 $\boldsymbol{\sigma}$ 使 $C_{\max}^A(\boldsymbol{\sigma})\leqslant 3P$,$C_{\max}^B(\boldsymbol{\sigma})\leqslant 2P$。令集合 S_1 表示可行排序 $\boldsymbol{\sigma}$ 在机器 M_2 上代理 A 排在代理 B 之前的所有工件。集合 $S_2=\{1,2,\cdots,k\}\backslash S_1$,表示集合 S_2 中代理 A 的工件均排在代理 B 的工件之后。现只需证 $\langle S_1,S_2\rangle$ 是划分问题的一个实例。因为代理 A 的 k 个工件的加工时间和满足 $\sum_{i=1}^k u_i=2P$,所以只需证明对于集合 S 的子集 S_1,S_2 满足 $\sum_{i\in S_1}=P$,$\sum_{i\in S_2}=P$。显然,所有工件在机器 M_2 上的总加工时间为 $\sum_{i=1}^k p_{i2}^A+p_2^B=3P$。$\boldsymbol{\sigma}$ 在机器 M_2 上的最后一个工件是代理 A 的。下面可以采用反证法对此说明,假设在机器 M_2 上的最后一个工件是代理 B 的,则有 $C_{\max}^B\geqslant 3P$。推出矛盾,假设不成立。所以对于 $\boldsymbol{\sigma}$ 中,在机器 M_2 上的最后一个工件是代理 A 的。

因为机器 M_2 上最后一个工件是代理 A 的,并且代理 B 的开始加工时间只能是 0 时刻或者 Q 时刻,所以在集合 S_1 里属于代理 A 的工件不可能移动到 S_2 里去。否则 $C_{\max}^B>2P$,这也推出矛盾。

最后,可以得到代理 A 在机器 M_2 上的所有加工时间分别为

$$\sum_{i\in S_1}p_{i2}^A=\sum_{i\in S_1}p_i=P \text{ 和 } \sum_{i\in S_2}p_{i2}^A=\sum_{i\in S_2}p_i=P$$

由证明可知,$\sum_{i\in S_2}p_i=P$,则有 $\sum_{i\in S_1}p_i=P$,所以 $\langle S_1,S_2\rangle$ 是划分问题的一个实例。

定理 6.3　对于问题 $O_2\parallel C_{\max}^A:C_{\max}^B$,代理 A 根据 LAPT 序排序有最优排序,且代理 B 也根据 LAPT 序排序。

证明:对于问题 $O_2\parallel C_{\max}$ 按 LAPT 序排序时有最优解。因为对于代理 B 满足 $C_{\max}^B\leqslant Q_B$ 时,剩下的工件全是代理 A 的。又因为 $C_{\max}^A=\min\{C_{\max}^A M_1,C_{\max}^A M_2\}$,要使 $C_{\max}^A$ 最小,则需按 LAPT 序排序,此时有最优排序 $\boldsymbol{\sigma}$。

定理 6.4　问题 $O_2\parallel C_{\max}^A:C_{\max}^B\leqslant Q$ 在伪多项式时间里是可以解决的,时间复杂度为 $O(n_A\cdot n_B\cdot Q\cdot(P_1+P_2)^2)$。

证明:代理 A 的工件在机器 M_1 和 M_2 上按 LAPT 序排序,且代理 B 的工件在两台机器上也按 LAPT 序排序。令 $h(x,y,p_{M_j}(x),q_{M_j}(y))$ 表示最小最大完工时间。其中各参数表示的意义如下:当前加工代理 A 的工件 x 个,代理 B 的工件 y 个,即代理 A 的工件有 $J_1^A,J_2^A,\cdots,J_x^A$,代理 B 的工件有 $J_1^B,J_2^B,\cdots,J_y^B$,其中 $x\in[1,n_A]$,$y\in[1,n_B]$,M_j 表示机器 M_1,M_2,$p_{M_j}(x)$ 表示当前代理 A 中 x 个工件在机器 M_1,M_2 的最大完工时间,$q_{M_j}(y)$ 表示当前代理 B 中 y 个工件的最大完工时间。现假设代理 A,B 一共排好了 $x+y-1$ 个工件,剩

下任一工件 J_x 或者 J_y 需要排序,则有以下几种情形:

情形 1　若现在这一工件是代理 A 的,即工件 J_x,则有

(1) 当前面 $x+y-1$ 个工件中代理 A 的最后一工件在机器 M_1 上完工。

若 $p_{M_2}(x-1)+p_{x2} \leqslant p_{M_1}(x-1)$,则有

$$h(x,y,p_{M_j}(x),q_{M_j}(y)) = h(x-1,y,p_{M_1}(x-1),q(y)) + p_{x1};$$

若 $p_{M_2}(x-1)+p_{x2} \geqslant p_{M_1}(x-1)$,则有

$$h(x,y,p_{M_j}(x),q_{M_j}(y)) = h(x-1,y,p_{M_2}(x-1),q(y)) + p_{x1} + p_{x2}.$$

(2) 当前面 $x+y-1$ 个工件中代理 A 的最后一工件在机器 M_2 上完工。

若 $p_{M_1}(x-1)+p_{x1} \leqslant p_{M_2}(x-1)$,则有

$$h(x,y,p_{M_j}(x),q_{M_j}(y)) = h(x-1,y,p_{M_2}(x-1),q(y)) + p_{x2};$$

若 $p_{M_1}(x-1)+p_{x1} \geqslant p_{M_2}(x-1)$,则有

$$h(x,y,p_{M_j}(x),q_{M_j}(y)) = h(x-1,y,p_{M_1}(x-1),q(y)) + p_{x1} + p_{x2};$$

情形 2　若现在这一工件是代理 B 的,即工件 J_y,则有

(1) 当前面 $x+y-1$ 个工件中代理 B 的最后一工件在机器 M_1 上完工。

若直接将工件 J_y 放在工件 $J_{(y-1)}$ 后,且有 $q_{M_2}(y-1)+p_{y2} \leqslant q_{M_1}(y-1)$ 和 $q_{M_1}(y-1)+p_{y1} \leqslant Q$,则有

$$h(x,y,p_{M_j}(x),q_{M_j}(y)) = \max\{h(x,y-1,p_{M_1}(x),q_{M_1}(y-1)) + p_{y1},$$
$$h(x,y-1,p_{M_2}(x),q_{M_2}(y-1)) + p_{y2}\};$$

若将工件 J_y 放在工件 $J_{(y-1)}$ 后,有 $q_{M_1}(y-1)+p_{y1} \geqslant Q$,则将代理 B 前面的属于代理 A 的工件往后放,仍可得到以上结果;

若直接将工件 J_y 放在工件 $J_{(y-1)}$ 后,且有 $q_{M_2}(y-1)+p_{y2} \geqslant q_{M_1}(y-1)$ 和 $q_{M_2}(y-1)+p_{y1}+p_{y2} \leqslant Q$,则有

$$h(x,y,p_{M_j}(x),q_{M_j}(y))$$
$$= \max\{h(x,y-1,p_{M_1}(x),q_{M_1}(y-1)) + p_{M_2}(y-1) -$$
$$p_{M_1}(y-1)p_{y1} + p_{y2}, h(x,y-1,p_{M_2}(x),q_{M_2}(y-1)) + p_{y2}\};$$

若将工件 J_y 放在工件 $J_{(y-1)}$ 后,有 $q_{M_2}(y-1)+p_{y1}+p_{y2} \geqslant Q$,则将代理 B 前面的属于代理 A 的工件往后放,仍可得到以上结果。

(2) 当前面 $x+y-1$ 个工件中代理 B 的最后一工件在机器 M_2 上完工。

若直接将工件 J_y 放在工件 $J_{(y-1)}$ 后,有 $q_{M_1}(y-1)+p_y \leqslant q_{M_2}(y-1)$ 且 $q_{M_2}(y-1)+p_{y2} \leqslant Q$,则有

$$h(x,y,p_{M_j}(x),q_{M_j}(y)) = \max\{h(x,y-1,p_{M_1}(x),q_{M_1}(y-1)) + p_{y1},$$
$$h(x,y-1,p_{M_2}(x),q_{M_2}(y-1)) + p_{y2}\};$$

若将工件 J_y 放在工件 $J_{(y-1)}$ 后,有 $q_{M_1}(y-1)+p_{y1}\geqslant Q$,则将代理 B 前面的属于代理 A 的工件往后放,仍可得到以上结果。

若直接将工件 J_y 放在工件 $J_{(y-1)}$ 后,有 $q_{M_1}(y-1)+p_{y1}\geqslant q_{M_2}(y-1)$ 且 $q_{M_1}(y-1)+p_{y1}+p_{y2}\leqslant Q$,则有

$$h(x,y,p_{M_j}(x),q_{M_j}(y))$$

$$=\max\{h(x,y-1,p_{M_1}(x),q_{M_1}(y-1))+p_{y1},$$

$$h(x,y-1,p_{M_2}(x),q_{M_2}(y-1))+p_{M_2}(y-1)-p_{M_1}(y-1)+p_{y1}+p_{y2}\}。$$

若将工件 J_y 放在工件 $J_{(y-1)}$ 后,有 $q_{M_2}(y-1)+p_{y1}+p_{y2}\geqslant Q$,则将代理 B 前面的属于代理 A 的工件往后放,仍可得到以上结果。根据以上讨论,可得出以下算法:

$$h(x,y,p_{M_j}(x),p_{M_j}(y))=$$

$$\min\begin{cases}h(x-1,y,p_{M_1}(x-1),q(y))+p_{x1},\\ h(x-1,y,p_{M_2}(x-1),q(y))+p_{x1}+p_{x2},\\ h(x-1,y,p_{M_2}(x-1),q(y))+p_{x2},\\ h(x-1,y,p_{M_1}(x-1),q(y))+p_{x1}+p_{x2},\\ \max\{h(x,y-1,p_{M_1}(x),q_{M_1}(y-1))+\\ \quad p_{y1},h(x,y-1,p_{M_2}(x),q_{M_2}(y-1))+p_{y2}\},\\ \max\{h(x,y-1,p_{M_1}(x),q_{M_1}(y-1))+p_{M_2}(y-1)-\\ \quad p_{M_1}(y-1)p_{y2}+p_{y2},h(x,y-1,p_{M_2}(x),\\ \quad q_{M_2}(y-1))+p_{y2}\},\\ \max\{h(x,y-1,p_{M_1}(x),q_{M_1}(y-1))+\\ \quad p_{y1},h(x,y-1,p_{M_2}(x),q_{M_2}(y-1))+p_{y2}\},\\ \max\{h(x,y-1,p_{M_1}(x),q_{M_1}(y-1))+\\ \quad p_{y1},p_{y1}+p_{y2},h(x,y-1,p_{M_2}(x),q_{M_2}(y-1))+\\ \quad p_{M_2}(y-1)-p_{M_1}(y-1)\}\end{cases}。$$

该算法的目的是用递推函数找出问题 $O_2\parallel C_{\max}^A:C_{\max}^B\leqslant Q$ 的最优排序。因为 $x\in[1,n_A]$,$y\in[1,n_B]$ 且 $p_{M_j(x)}\leqslant P_1+P_2\Big($其中 $P_1=\sum_{x=1}^n p_{x1}$,$P_2=\sum_{x=1}^n p_{x2}\Big)$,又因为 $q_{M_j}(y)\leqslant Q$,所以时间复杂度为 $O(n_A\cdot n_B\cdot Q\cdot(P_1+P_2)^2)$。

6.2.2　最小化最大完工时间加权和问题 $O_2 \parallel C_{\max}^A + \alpha C_{\max}^B$

本节研究最大完工时间加权和最小化的排序问题。目标函数是使两个代理的最大完工时间的权重和函数最小化。对于这个排序模型,首先分析该目标函数的复杂性。将给出一些定理用来提出一个伪多项式算法。然后根据 LAPT 序提出一个近似算法。最后通过熟悉的划分问题证明目标函数 $O_2 \parallel C_{\max}^A + \alpha C_{\max}^B$ 是 NP 难的。

问题描述与一般性质

在两台机器的自由作业排序中,考虑最普通的函数,即是某个代理的最大完工时间 $C_{\max}^X$,用 α 表示 $C_{\max}^X$ 的权重系数,其中 $\alpha > 0$,它的取值是决策者根据两个代理的情况决定的。

复杂性证明

本节考虑最简单的目标函数是两个代理的最大完工时间的和函数,首先分析该目标函数的复杂性。将给出一些定理用来提出一个伪多项式算法。然后根据 LAPT 序提出一个近似算法。后通过熟悉的划分问题证明目标函数 $O_2 \parallel C_{\max}^A + \alpha C_{\max}^B$ 是 NP 难的。

定理 6.5　问题 $O_2 \parallel C_{\max}^A + \alpha C_{\max}^B$ 是 NP 难的。

证明:只需证明当 $\alpha \geqslant 1$ 成立即可。据上面的划分问题假设存在正整数 $u_1, u_2, \cdots, u_n$ 和 Q,使得问题 $O_2 \parallel C_{\max}^A + \alpha C_{\max}^B$ 是 NP 难的。

设代理 A,B 共有 $k+1$ 个工件,即 $n = k+1$。其中代理 A 有 k 个工件,代理 B 有且仅有一个工件,即 $n_A = k$,$n_B = 1$。代理 A 的所有工件在机器 M_1 和机器 M_2 加工时间为 $p_{i1}^A = p_{i2}^A = u_i$,代理 B 的所有工件在机器 M_1 和机器 M_2 加工时间为 $p_1^B = p_2^B = Q$。特别地,取 $Y = 3Q + 2\alpha Q$。

上面所取得的实际例子有可行解,接着给出一个划分实例使得当且仅当存在一个可行排序 $\boldsymbol{\sigma}$,使得 $C_{\max}^A + C_{\max}^B \leqslant Y$ 成立。接下来将证明当划分问题有解时排序问题也有解。要使 $C_{\max}^A + \alpha C_{\max}^B \leqslant Y$ 成立只有当代理 B 的工件在一台机器上的开始加工时间是 0,在另一台机器上的开始加工时间是 Q。因此代理 B 的完工时间是 $2Q$。满足这个条件的排序有两种,下面就一种情况给出证明。设存在一个子集合 S,定义一个可行排序 $\boldsymbol{\sigma}$。规定这个排序满足在机器 M_1 上,代理 A 的所有工件都排在代理 B 的后面;在机器 M_2 上,代理 A 的部分工件,即 $\{J_i^A \mid i \in S\}$ 排在代理 B 之前,代理 A 中剩下的工件排在代理 B 之后。显然可知,代理 A 的工件在 $t = 0$ 时刻可以在机器 M_2 上开始加工。又因为 $\sum\limits_{i \in S} p_{i2}^A = Q$,所以可以得到在排序 $\boldsymbol{\sigma}$ 中,代理 B 的总完工时间为

$$C_{\max}^B(\boldsymbol{\sigma}) = \max\Big\{p_1^B, \sum_{i \in S} p_{i2}^A\Big\} + p_2^B = 2Q,$$

其中，$p_1^B = \varepsilon$ 表示代理 B 的工件在机器 M_1 上的完工时间，$\sum\limits_{i \in S} p_{i2}^A$ 表示代理 A 属于 $\{J_i^A \mid i \in S\}$ 里面的工件在机器 M_2 上的完工时间。则代理 A 的总完工时间为

$$C_{\max}^A = \max\Big\{p_1^B + \sum_{i=1}^k p_{i1}^A, p_2^B + \sum_{i=1}^k p_{i2}^B\Big\} = 3Q,$$

则对于排序 $\boldsymbol{\sigma}$ 有：$C_{\max}^A(\boldsymbol{\sigma}) + \alpha C_{\max}^B(\boldsymbol{\sigma}) = 3Q + 2\alpha Q$。

下证排序问题有解，则划分问题也有解。设存在一个可行排序 $\boldsymbol{\sigma}$ 使 $C_{\max}^A(\boldsymbol{\sigma}) + \alpha C_{\max}^B(\boldsymbol{\sigma}) \leqslant Y = 3Q + 2\alpha Q$，令集合 S_1 表示可行排序 $\boldsymbol{\sigma}$ 在机器 M_2 上代理 A 排在代理 B 之前的所有工件。集合 $S_2 = \{1, 2, \cdots, k\}/S_1$，表示集合 S_2 中代理 A 的工件均排在代理 B 的工件之后。现只需证 $\langle S_1, S_2\rangle$ 是二划分的一个实例，即因为代理 A 的 k 个工件的加工时间和满足 $\sum\limits_{i=1}^k u_i = 2Q$，所以只需证明集合 S 的子集和 S_1, S_2 满足 $\sum\limits_{i \in S_1} = Q, \sum\limits_{i \in S_2} = Q$。

显然可知，所有工件在机器 M_2 上的总加工时间为 $\sum\limits_{i=1}^k p_{i2}^A + p_2^B = 3Q$。且对于 $\boldsymbol{\sigma}$ 中，在机器 M_2 上的最后一个工件是代理 A 的。下面可以采用反证法对此论证，假设在机器 M_2 上的最后一个工件是代理 B 的，则有

$$C_{\max}^B \geqslant 3Q, \quad C_{\max}^A \geqslant p_1^B + \sum_{i=1}^k p_{i1}^A = 3Q,$$

对于排序 $\boldsymbol{\sigma}$ 有

$$C_{\max}^A + \alpha C_{\max}^B \geqslant p_1^B + \sum_{i=1}^k p_{i1}^A + 3\alpha Q = 3Q + 3\alpha Q > Y.$$

推出矛盾，假设不成立。所以对于 $\boldsymbol{\sigma}$，在机器 M_2 上的最后一个工件是代理 A 的。

因为机器 M_2 上最后一个工件是代理 A 的，并且代理 B 的开始加工时间只能是 0 时刻或者 Q 时刻，所以在集合 S_1 里属于代理 A 的工件不可能移动到 S_2 里去。否则有 $C_{\max}^A > 3Q, C_{\max}^A + \alpha C_{\max}^B > 3Q + 2\alpha Q = Y$，这也推出矛盾。

最后，可以得到代理 A 在机器 M_2 上的所有加工时间分别为

$$\sum_{i \in S_1} p_{i2}^A = \sum_{i \in S_1} u_i = Q,$$

和

$$\sum_{i \in S_2} p_{i2}^A = \sum_{i \in S_2} u_i = Q.$$

由证明可知 $\sum\limits_{i \in S_2} u_i = Q$，则有 $\sum\limits_{i \in S_1} u_i = Q$，所以 $\langle S_1, S_2 \rangle$ 是划分问题的一个实例。

定理 6.6　对于问题 $O_2 \parallel C_{\max}^A + \alpha C_{\max}^B$，同一个工件可以引起机器发生空闲。

证明：因为考虑的是无耽搁情况，即若某工件等待在某一台机器上加工，而此时该台机器上没有其他工件加工，则即刻将该工件放在机器上加工。所以若是机器发生空闲，当且仅当某工件 J_i 在机器 $M_1(M_2)$ 上加工，且机器 $M_2(M_1)$ 上上一个工件已经加工完，正要加工该工件。

定理 6.7　对于问题 $O_2 \parallel C_{\max}^A + \alpha C_{\max}^B$，存在最优排序 $\boldsymbol{\sigma}$，使得该排序满足至多在一台机器上发生空闲，且该空闲只发生一次。

证明：首先假设所有工件在机器 M_1 和机器 M_2 上的加工时间均为正整数，将所有工件分成两个集合 E, F 中的元素，满足

$$E_r = \{J_i \mid p_{i1} \geqslant p_{i2}, i \in N(J)\},$$
$$F_v = \{J_i \mid p_{i1} < p_{i2}, i \in N(J)\}.$$

设在集合 E 中，满足条件的工件共有 R 个，将这 R 个工件重新用 J_{E_1}，$J_{E_2}, \cdots, J_{E_R}$ 表示。同样在集合 F 中，满足条件的工件共有 L 个，将这 L 个工件重新用 $J_{F_1}, J_{F_2}, \cdots, J_{F_L}$ 表示，其中 $R + L = n$。下面讨论集合 E, F 均非空的情况，其他证明类似。

将集合 E 中的工件按顺序 $J_{E_1}, J_{E_2}, \cdots, J_{E_R}$ 排序，集合 F 中的工件按 $J_{F_1}, J_{F_2}, \cdots, J_{F_L}$ 排序。对于集合 E 里面的工件在机器 $M_j(j = \{1, 2\})$ 上的加工时间记为 $p_{E_{i(j)}}$。类似地，用 $p_{F_{i(j)}}$ 表示集合 F 里面的工件在机器 M_j 上的加工时间。根据前面定义知 $p_{E_{i(1)}} \geqslant p_{E_{i(2)}}$ 且 $p_{F_{i(1)}} < p_{F_{i(2)}}$。设 J_{E_R} 为集合 E 里面在机器 M_1 上加工时间最长的工件，即 $J_{E_{R(1)}}$ 的加工时间最长。同样设 J_{F_L} 是集合 F 里面在 M_2 上加工时间最长的工件，记为 $J_{F_{L(2)}}$。下面构造排序 $\boldsymbol{\sigma}$，按顺序 $J_{E_1}, J_{E_2}, \cdots, J_{E_R}$ 排列。

在机器 M_1 上，只要上一个工件加工完成，马上进行下一个工件的加工。随后一旦工件在机器 M_1 上加工完成，立即放在机器 M_2 上进行加工。显然只有机器 M_2 会出现空闲。又因为 $p_{E_{R(1)}} \geqslant p_{E_{R(2)}}$，则工件 J_{E_R} 在机器 M_2 上的开始加工时间为工件 J_{E_R} 在机器 M_1 上的完工时间。所以可以缩短所有工件在机器 M_2 上的总加工时间。即可将 M_2 上的所有工件向右移动，直到将每两个工件之间的空闲都排除掉，且所有的工件的加工顺序不变。接下来，用相同的方法将集合 F 里面的工件 $(J_{F_1}, J_{F_2}, \cdots, J_{F_L})$ 按自右向左的顺序加工。然后将机器 M_1 上的所有工件向左移动，直到将每两个工件之间的空闲的都排除掉。

最后将集合 E,F 里面的所有工件排在一起,使得所有工件在机器 M_1 的加工顺序都不会出现空闲。要么使得所有工件在机器 M_2 上的加工顺序都不会出现空闲,要么是在机器 M_1,M_2 上均不出现空闲。

定理 6.8　对于问题 $O_2 \parallel C_{\max}^A + \alpha C_{\max}^B$,存在最优排序:

$$\boldsymbol{\sigma}(M_1) = (\sigma_1(1), \sigma_1(2), \cdots, \sigma_1(k), \sigma_1(k+1), \cdots, \sigma_1(n)),$$

$$\boldsymbol{\sigma}(M_2) = (\sigma_2(1), \sigma_2(2), \cdots, \sigma_2(l), \sigma_2(l+1), \cdots, \sigma_2(n))。$$

其中,$\boldsymbol{\sigma}(M_1)$ 表示在机器 M_1 上所有工件的排序,$\sigma_1(1)$ 表示在排序 $\boldsymbol{\sigma}$ 中,机器 M_1 上第 1 个加工的工件,$\sigma_1(2)$ 表示在机器 M_1 上第 2 个加工的工件,以此类推。同样地,$\boldsymbol{\sigma}(M_2)$ 表示在机器 M_2 上所有工件的排序,$\sigma_2(1)$ 表示在排序 $\boldsymbol{\sigma}$ 中,机器 M_2 上第 1 个加工的工件,$\sigma_2(2)$ 表示在机器 M_2 上第 2 个加工的工件,以此类推。在机器 M_1,M_2 上,所有的工件均按 LAPT 序排序。特别地,在机器 M_1 上,工件 $J_{\boldsymbol{\sigma}(k)}$ 为某一个代理的最后一个工件,则在机器 M_1 上第 $k+1$ 到第 n 个工件属于同一个代理。同样,若工件 $J_{\boldsymbol{\sigma}(l)}$ 为机器 M_2 上某一个代理的最后一个工件,则在机器 M_2 上第 $l+1$ 到第 n 个工件属于同一个代理。

证明:假设序列 $\boldsymbol{\sigma}(M_1) = (\sigma_1(1), \sigma_1(2), \cdots, \sigma_1(k), \sigma_1(k+1), \cdots, \sigma_1(n))$ 和序列 $\boldsymbol{\sigma}(M_2) = (\sigma_2(1), \sigma_2(2), \cdots, \sigma_2(l), \sigma_2(l+1), \cdots, \sigma_2(n))$ 是问题 $O_2 \parallel C_{\max}^A + \alpha C_{\max}^B$ 的最优排序。不失一般性,设 $\sigma_1(k)$ 是代理 A 在机器 M_1 上的最后一个工件,即有 $C_{\max}^A(M_1) = C_{J_{\sigma_1(k)}}$。

因为工件 $J_{\sigma_1(k)}$ 后都是代理 B 的工件,所以可将机器 M_1 上的工件分成两部分,显然 $(\sigma_1(1), \sigma_1(2), \cdots, \sigma_1(k))$ 按 LAPT 序排序时,对于问题 $O_2 \parallel C_{\max}^A + \alpha C_{\max}^B$ 有最优解。若不按 LAPT 序排序,可以重新交换各个工件的顺序,使得其按 LAPT 序排序。显然可得,在机器 M_1 上代理 A 的最大完工时间减小或者不变。对于 $J_{\sigma_1(k)}$ 之后的工件,由于全是代理 B 的工件,所以在机器 M_1 上 B 的最大完工时间不变。

在机器 M_2 上,运用同样的方法,可得 $C_{\max}^A$ 减小或者不变。又因为 $C_{\max}^A = \max\{C_{\max}^A(M_1), C_{\max}^A(M_2)\}$,和 $C_{\max}^B = \max\{C_{\max}^B(M_1), C_{\max}^B(M_2)\}$,所以,如果原来的排序没有按 LAPT 序排,换成按 LAPT 序排序后,$C_{\max}^A, C_{\max}^B$ 变小或者不变。通过上述证明可以得到,对于问题 $O_2 \parallel C_{\max}^A + \alpha C_{\max}^B$,按 LAPT 序排序是最优的。

对于问题 $O_2 \parallel C_{\max}^A + \alpha C_{\max}^B$,根据动态规划算法讨论伪多项式时间算法。定义 $f_i^X(t_1, t_2, l)$ 是代理 $X(X \in \{A, B\})$ 按 LAPT 序排序的前 i 个工件的最大完工时间,其中 t_1 表示前 i 个工件在机器 M_1 上的总完工时间,t_2 表示前 i 个工件在机器 M_2 上的总完工时间,l 表示机器 M_1 或者 M_2 上的空闲时间。函

数 $f_{i-1}^X(t_1', t_2', l')$ 表示在代理 $X(X=\{A, B\})$ 上前 $i-1$ 个工件的最小最大完工时间,其中 t_1' 表示前 $i-1$ 个工件在机器 M_1 上的总完工时间,t_2' 表示前 $i-1$ 个工件在机器 M_2 上的总完工时间。通过把前 $i-1$ 个工件加入工件 J_i 来计算 $f_i^X(t_1, t_2, l)$。可得到以下结论。工件 J_i 加到原先的排序上,此时的最大完工时间变为:

(1) 原排序在机器 M_1, M_2 上均没出现空闲。即 $l'=0$。

① 当 $t_1'+p_{i1} \leqslant t_2'$ 或者 $t_2'+p_{i2} \leqslant t_1'$ 时,$f_i^X(t_1, t_2, l) = f_{i-1}^X(t_1', t_2', l') + \max\{p_{i1}, p_{i2}\}$;因为当 $t_1'+p_{i1} \leqslant t_2'$ 时,表示 J_i 应该先在 M_1 上加工。所以此时 $f_i^X(t_1, t_2, s, l) = f_{i-1}^X(t_1', t_2', s', l') + p_{i2}$,其中 $t_1'+p_{i1}$ 表示工件 J_i 在机器 M_1 上的完工时间。当 $t_2'+p_{i2} \leqslant t_1'$ 时,表示 J_i 应该先在 M_2 上加工。所以此时 $f_i^X(t_1, t_2, l) = f_{i-1}^X(t_1', t_2', l') + p_{i1}$,其中 $t_2 = t_2' + p_{i2}$ 表示工件 i 在机器 M_2 上的完工时间,并且 $l=0$。

② 当 $t_1'+p_{i1} > t_2'$ 或者 $t_2'+p_{i2} > t_1'$ 时,$f_i^X(t_1, t_2, l) = f_{i-1}^X(t_1', t_2', l') + (p_{i1}+p_{i2}-|t_1'-t_2'|)$,因为当 $t_1'+p_{i1} > t_2'$ 时,表示 J_i 应该先在 M_1 上加工,然后 J_i 在 M_2 上加工。此时在机器 M_2 上会产生 $l=p_{i1}-(t_2'-t_1')$ 的空闲,然后再在 M_2 上加工 J_i,其中 $t_1'+p_{i1}$ 表示工件 i 在机器 M_1 上的完工时间。当 $t_2'+p_{i2} > t_1'$ 时,表示 J_i 应该先在 M_2 上加工。然后 J_i 在 M_2 上加工。此时在机器 M_1 上会产生 $l=p_{i2}-(t_1'-t_2')$ 的空闲,然后再在 M_1 上加工 J_i。$t_2'+p_{i2}$ 表示工件 i 在机器 M_2 上的完工时间。因此现在的排序最大完工时间增加了 $(p_{i1}+p_{i2}-|t_1'-t_2'|)$。

(2) 原排序在机器 M_1 或者机器 M_2 上出现空闲,即 $l' \neq 0$。

① 当空闲发生在 M_1:(a)如果 $p_{i1} \leqslant l'$,则有

$$f_i^X(t_1, t_2, l) = f_{i-1}^X(t_1', t_2', l') + p_{i2}。$$

工件 J_i 放在该空闲处,所以 $l=l'-p_{i1}, t_1=t_1', t_2=t'+p_{i2}$,可得以上结果;(b)如果 $p_{i1} > l'$,则有 $f_i^X(t_1, t_2, l) = f_{i-1}^X(t_1', t_2', l') + \max\{p_{i1}-l', p_{i2}\}$,此时所有在机器 M_1 上的工件都往后移 $p_{i1}-l'$,所以 $l=0, t_1=t_1'+p_{i1}-l', t_2=t'+\max\{p_{i1}-l', p_{i2}\}$。

② 当空闲发生在 M_2:(a)如果 $p_{i2} \leqslant l'$,则有 $f_i^X(t_1, t_2, l) = f_{i-1}^X(t_1', t_2', l') + p_{i1}$。工件 J_i 放在该空闲处,因此 $l=l'-p_{i2}, t_1=t_1'+p_{i1}, t_2=t'$;(b)$p_{i2} > l'$ 时,则有 $f_i^X(t_1, t_2, l) = f_{i-1}^X(t_1', t_2', l') + \max\{p_{i2}-l', p_{i1}\}$,此时所有在机器 M_2 上的工件都往后移 $p_{i2}-l'$,因此 $l=0, t_1=t_1'+\max\{p_{i1}, p_{i2}-l'\}, t_2=t'+p_{i2}-l'$。

根据上面的所有讨论,对于代理 $X, X \in \{A, B\}$,提出下面一个动态规划算法:

$$f_i^X(t_1,t_2,l) =$$

$$\min \begin{cases} f_{i-1}^X(t_1',t_2',l') + \max\{p_{i1},p_{i2}\}, & l'=0,t_1 \leqslant t_2', \\ f_{i-1}^X(t_1',t_2',l') + (p_{i1}+p_{i2}-|t_1'-t_2'|), & l'=0,t_1 > t_2', \\ f_{i-1}^X(t_1',t_2',l') + p_{i2}, & l' \neq 0,p_{i1} \leqslant l', \\ f_{i-1}^X(t_1',t_2',l') + p_{i1}, & l' \neq 0,p_{i2} \leqslant l', \\ f_{i-1}^X(t_1',t_2',l') + \max\{p_{i1}-l',p_{i2}\}, & l' \neq 0,p_{i1} > l', \\ f_{i-1}^X(t_1',t_2',l') + \max\{p_{i2}-l',p_{i1}\}, & l' \neq 0,p_{i2} > l' \end{cases} \Bigg\}。$$

所以求目标函数的最优表达式为

$$\min\{f_{\max}^A(t_1,t_2,l) + \alpha f_{\max}^B(t_1,t_2,l)\}。$$

定理 6.9　问题 $O_2 \parallel C_{\max}^A + \alpha C_{\max}^B$ 可以通过时间 $O(n(P_1+P_2)^3)$ 计算出结果,其中 $P_1 = \sum_{i=1}^n p_{i1}, P_2 = \sum_{i=1}^n p_{i2}$。

证明:根据上面的动态规划算法可以知道要通过 n 步才能得到最优排序。因为 $0 \leqslant t_1,t_2 \leqslant P_1+P_2, s,l \leqslant P_1+P_2$,并且 $P_1 = \sum_{i=1}^n p_{i1}, P_2 = \sum_{i=1}^n p_{i2}$。因此至多通过 $(n(P_1+P_2)^3)$ 多次才能到达第 i 步。每一次计算 $f_i^X(t_1,t_2,l)$ 需要 $O(n)$ 时间,所以上面提供的算法的复杂度为 $O(n(P_1+P_2)^3)$。

第 7 章　动态规划刻画 FPTAS

7.1　序关系和问题描述

研究序问题往往需要考虑一些序关系,接下来给出序关系的概念。对于集合 Z 上的二元关系 $\prec$,有

(1) 自反性:对于任意的 $z \in Z$,有 $z \prec z$;

(2) 对称性:对于任意的 $z, z' \in Z$,有 $z \prec z'$,那么 $z' \prec z$;

(3) 反对称性:对于任意的 $z, z' \in Z$,有 $z \prec z', z' \prec z$,那么 $z' = z$;

(4) 传递性:对于任意的 $z, z', z'' \in Z$,有 $z \prec z', z' \prec z''$,那么 $z \prec z''$。

如果满足自反性、反对称性和传递性,则称集合 Z 上的二元关系 $\prec$ 为偏序;如果满足自反性、传递性,则称集合 Z 上的二元关系 $\prec$ 为拟序;如果拟序中两个元素是可比较的,则称集合上的二元关系为拟线性序。

对于任何子集 $Z' \subseteq Z$,元素 $z \in Z'$ 称为最大的,如果对于任意的 $z' \in Z'$,有 $z' \prec z$;元素 $z \in Z'$ 称为极大的,如果存在 $z' \in Z'$,使得 $z' \prec z$。

命题　对于任何集合 Z 上的二元关系 $\prec$ 和有限子集 $Z' \subseteq Z$,随后的结论成立:

(1) 如果 $\prec$ 是偏序,则在集合 Z 上存在一个极大的元素;

(2) 如果 $\prec$ 是拟线性序,则在集合 Z 上存在至少一个最大的元素。

对于一般的优化问题 GENE,给出四个定义阐述该问题,以及该问题的动态规划方程:

定义 7.1　问题 GENE 的输入构造　对于问题 GENE 的任何实例,有 n 个向量 $X_1, X_2, \cdots, X_n \in N^\alpha$,$\alpha$ 是正整数。每个向量 $X_i (i = 1, 2, \cdots, n)$ 具有 k 个非负整数的分量 $x_1, x_2, \cdots, x_{a,k}$,且向量 $X_i (i = 1, 2, \cdots, n)$ 的所有分量都是二元输入。

定义 7.2　动态规划的构造　对于问题 GENE,动态规划分为 n 个阶段,第 k 阶段输入向量 X_k 生成状态集合 S_k。状态空间 S_k 的任何状态是一个向量 $S = (s_1, s_2, \cdots, s_\beta) \in N^\beta (\beta$ 是正整数),仅仅依赖于问题 GENE,不依赖于任何问题 GENE 的特例。

定义 7.3　动态规划的状态空间的迭代计算　$\mathcal{F}$ 是映射 $N^\alpha \times N^\beta \to N^\beta$ 的

集合，$\mathcal{H}$ 是映射 $N^\alpha \times N^\beta \to R$ 的集合。对于任意的映射 $F \in \mathcal{F}$，存在一个对应的映射 $H_F \in \mathcal{H}$。动态规划的初始条件为 S_0，由 N^β 的有限子集生成。第 k 阶段 S_k，由状态空间 S_{k-1} 生成，$S_k = \{F(X_k, S): F \in \mathcal{F}, S \in S_{k-1}, H_F(X_k, S) \leqslant 0\}$。

定义 7.4　动态规划的目标函数　函数 $G: N^\beta \to N$ 是一个非负函数。问题 GENE 的实例 I 的最优目标函数为 $OPT(I)$。如果最小化问题，则 $OPT(I) = \min\{G(S): S \in S_n\}$，反之 $OPT(I) = \max\{G(S): S \in S_n\}$。

一个最优化的问题 GENE 称为 DP 简单的，如果能够通过一个简单的动态规划方程描述，且满足上述四个定义。接下来将考虑 DP 简单的最优化问题 GENE 如何自动保证存在一个 FPTAS。

对于动态规划模型的支配的概念，本节将给出两种支配关系：一种是 N^β 上的支配关系 $<_{\text{dom}}$ 为一种偏序；另一种是 N^β 上的支配关系 $<_{\text{qua}}$ 为一种拟线性序。事实上，$<_{\text{qua}}$ 是 $<_{\text{dom}}$ 的一种扩展。

在全多项式近似方案的设计中，常常采用合并某些状态来消减状态空间，也即是把"最临近"的状态合并成单个的状态，且在执行合并的过程中确保错误的结果在一个可控的范围内。对于度向量 $\boldsymbol{D} = (d_1, d_2, \cdots, d_\beta) \in N^\beta$，依赖于问题 GENE 和动态规划方程，不依赖于问题 GENE 的任何实例。令实数 $\triangle > 1$，$\boldsymbol{S}, \boldsymbol{S}' \in N^\beta$，$\boldsymbol{S} = (s_1, s_2, \cdots, s_\beta)$，$\boldsymbol{S}' = (s_1', s_2', \cdots, s_\beta')$，$\boldsymbol{S}$ 是 $[\boldsymbol{D}, \triangle]$ 邻近的，如果

$$\triangle^{-d_l} s_l \leqslant s_l' \leqslant \triangle^{d_l} s_l, \quad l = 1, 2, \cdots, \beta。$$

对于任意的 $\triangle > 1$，$[\boldsymbol{D}, \triangle]$ 邻近满足 N^β 上的对称性和自反性。注意到如果两个向量满足 $[\boldsymbol{D}, \triangle]$ 邻近，则所有度分量 $d_l = 0$。

接下来结合支配的概念和 $[\boldsymbol{D}, \triangle]$ 邻近，考虑一些动态规划上的相关条件。

条件 C.1（$\mathcal{F}$ 中函数的条件）

对于任意的 $\triangle > 1$，$F \in \mathcal{F}$，$X \in N^\alpha$ 和 $\boldsymbol{S}, \boldsymbol{S}' \in N^\beta$，有：

(1) 如果 $\boldsymbol{S}$ 和 $\boldsymbol{S}'$ 是 $[\boldsymbol{D}, \triangle]$ 邻近的，则（a）$F(\boldsymbol{X}, \boldsymbol{S}) <_{\text{qua}} F(\boldsymbol{X}, \boldsymbol{S}')$ 且 $F(\boldsymbol{X}, \boldsymbol{S})$ 和 $F(\boldsymbol{X}, \boldsymbol{S}')$ 是 $[\boldsymbol{D}, \triangle]$ 邻近的；（b）$F(\boldsymbol{X}, \boldsymbol{S}) <_{\text{dom}} F(\boldsymbol{X}, \boldsymbol{S}')$。

(2) 如果 $\boldsymbol{S} <_{\text{dom}} \boldsymbol{S}'$，则 $F(\boldsymbol{X}, \boldsymbol{S}) <_{\text{dom}} F(\boldsymbol{X}, \boldsymbol{S}')$。

条件 C.2（在 $\mathcal{H}$ 中函数的条件）

对于任意的 $\triangle > 1$，$H \in \mathcal{H}$，$X \in N^\alpha$ 和 $\boldsymbol{S}, \boldsymbol{S}' \in N^\beta$，则：

(1) 如果 $\boldsymbol{S}$ 和 $\boldsymbol{S}'$ 是 $[\boldsymbol{D}, \triangle]$ 邻近的，且 $\boldsymbol{S} <_{\text{qua}} \boldsymbol{S}'$ 则 $F(\boldsymbol{X}, \boldsymbol{S}') \leqslant F(\boldsymbol{X}, \boldsymbol{S})$。

(2) 如果 $\boldsymbol{S} <_{\text{dom}} \boldsymbol{S}'$，则 $F(\boldsymbol{X}, \boldsymbol{S}') \leqslant F(\boldsymbol{X}, \boldsymbol{S})$。

条件 C.3（在 G 中函数的条件）

(1) 存在整数 $g \geqslant 0$，仅仅依赖函数 G 和度向量 $\boldsymbol{D}$，对于任意的 $\triangle > 1$，$\boldsymbol{S}, \boldsymbol{S}' \in N^\beta$，如果 $\boldsymbol{S}$ 和 $\boldsymbol{S}'$ 是 $[\boldsymbol{D}, \triangle]$ 邻近的，则 $G(\boldsymbol{S}') \leqslant \triangle^g G(\boldsymbol{S})$（最小化问题）。

（2）$S,S'\in N^\beta$ 和 $S<_{\text{dom}}S'$，则 $G(S')\leqslant G(S)$（最小化问题）。

条件 C.4（技术条件）

（1）任意的 $F\in\mathcal{F},H\in\mathcal{H}$ 和函数 G 均能够在多项式时间内计算，且 $<_{\text{qua}}$ 能够在多项式时间内判定。

（2）$\mathcal{F}$ 的基数能够在 n 和 $\log\overline{x}$ 的多项式内界定。

（3）对于问题 GENE 的任何实例 I，状态空间 S_0 和状态空间 S_0 的基数均能够在 n 和 $\log\overline{x}$ 的多项式内界定。

（4）对于问题 GENE 的实例 I，$\mathcal{V}_l(I)$ 表示状态空间 S_k 下，所有向量的第 l 个分量的值，其中 $1\leqslant l\leqslant\beta,1\leqslant k\leqslant n$，则对于每个 $l(1\leqslant l\leqslant\beta)$，$\mathcal{V}_l(I)$ 中的任何值的自然对数都可以被关于 n 和 $\log\overline{x}$ 的多项式 $\pi_1(n,\log\overline{x})$ 所确定，进一步对于满足 $d_l=0$ 的 $l,\mathcal{V}_l(I)$ 的基数可以被关于 n 和 $\log\overline{x}$ 的多项式 $\pi_2(n,\log\overline{x})$ 所确定。

一个 DP 简单的优化问题 GENE 称为 DP-benevolent 当且仅当存在一个偏序 $<_{\text{dom}}$、一个拟线性序 $<_{\text{qua}}$ 和一个度向量，使得动态规划方程 DP 条件满足 C.1~C.4。进而 DP-benevolent 问题易得以下的结论：

定理 7.1（DP-benevolent 问题的主要结果[59]）

如果优化问题 GENE 是 DP-benevolent，则存在一个 FPTAS。

证明：根据 DP 最小化的目标函数值，存在一个状态 $S^*\in\mathcal{S}_n$，满足 $G(S^*)=OPT$。根据条件 C.3(2)，不失一般性假设 S^* 是非支配的，接着将证明存在一个状态 $T^*\in\mathcal{T}_n$ 与 S^* 是 $[D,\Delta^n]$ 临近的，且满足 $S^*<_{\text{cc}}T^*$。

为了证明这个结论，首先给出 TDP(Trimming dynamic program) 的概念。主要思想就是为了减少或者缩减动态规划过程中的状态空间，前提是缩减的状态空间是多项式的，且损失的状态或者信息是可控的。

考虑状态空间 $\mathcal{S}_k$：初始动态规划的第 k 阶段的状态空间。在 TDP 中，存在两种类型的状态空间：状态空间 $\mathcal{U}_k$，从初始动态规划的 $k-1$ 阶段扩展到 TDP 的第 k 阶段构成的新的状态空间；状态空间 $\mathcal{T}_k$，TDP 的第 k 阶段的状态空间缩减或者删除，产生的新的缩减的状态空间。这个缩减基于缩减参数 $\Delta>1$，$\Delta=1+\dfrac{\varepsilon}{2gn}$，其中 ε 是近似精度，n 表示输入规模，g 是根据条件 C.3(1) 的整约束。进一步定义一个整数 L：

$$L=\left\lceil\frac{\pi_1(n,\log\overline{x})}{\ln\Delta}\right\rceil\leqslant\left\lceil(1+\frac{2gn}{\varepsilon}\pi_1(n,\log\overline{x}))\right\rceil,$$

这里的 $\pi_1(\cdot,\cdot)$ 是一个根据条件 C.4(4) 的多项式函数。定义 $L+1$ 区间如下：$\mathcal{I}_0=[0],\mathcal{I}_i=[\Delta^{i-1},\Delta^i),i=1,2,\cdots,L-1,\mathcal{I}_L=[\Delta^{L-1},\Delta^L]$。注意每个整数均在区间 $[0,\Delta^L]$ 中的一个区间。

Δ 盒子,称为 $[0,\Delta^L]^\beta$ 的正交划分,对于任何基数 $l(1\leqslant l\leqslant\beta)$,且 $d_l\geqslant1$,整数区间 $[0,\Delta^L]$ 被划分为区间 $\mathcal{I}_i$,$i=1,2,\cdots,L$。对于任何基数 $l(1\leqslant l\leqslant\beta)$,且 $d_l=0$,整数区间 $[0,\Delta^L]$ 被划分为 Δ^L+1 区间,每个区间仅仅包含一个整数。很显然每个状态在动态规划的每个状态空间 $\mathcal{S}_k$ 包括一个 Δ 盒子。如果在同一个 Δ 盒子中存在两个状态 $\boldsymbol{S},\boldsymbol{S}'\in N^\beta$,则 $\boldsymbol{S},\boldsymbol{S}'$ 是 $[D,\Delta]$ 临近的。

注意,存在一个状态 $\boldsymbol{S}^*\in\mathcal{S}_n$,使得 $G(\boldsymbol{S}^*)=\mathrm{OPT}$。根据条件 C.3(1),不失一般性,假设 $\boldsymbol{S}^*$ 在 $\mathcal{S}_n$ 中是非支配的,其中非支配是指如果关于偏序 $\prec_{\mathrm{dom}}$,S 在 $\mathcal{S}$ 中是极大的,那么 S 在 $\mathcal{S}$ 中是非支配的。存在一个状态 $\boldsymbol{T}^*\in\mathcal{T}_n$ 和 $\boldsymbol{S}^*$ 是 $[D,\Delta]$ 临近的,且满足 $\boldsymbol{S}^*\prec_{\mathrm{qua}}\boldsymbol{T}^*$,则根据条件 C.3(1),有

$$G(\boldsymbol{T}^*)\leqslant\Delta^{gn}G(\boldsymbol{S}^*)=\left(1+\frac{\varepsilon}{2gn}\right)^{gn}\mathrm{OPT}\leqslant(1+\varepsilon)\mathrm{OPT}。$$

这就生产了理想的近似算法保证,接下来考虑算法的运行时间。

为了执行该算法,首先定义一个删减的 TDP 的状态空间:对于非负整数向量集合 $\mathcal{U},\mathcal{T}\subseteq N^\beta$,有(1)$\mathcal{T}$ 是 $\mathcal{U}$ 的一个子集合;(2)对于每一个满足 $\mathcal{U}\cap\mathcal{B}\neq\varnothing$ 的 Δ 盒子 $\mathcal{B}$,集合 $\mathcal{T}$ 仅包括来自 $\mathcal{U}\cap\mathcal{B}$ 一个状态,且这个状态也是考虑 $\prec_{\mathrm{qua}}$ 的最大集合。$|\mathcal{T}_k|$ 等于 Δ 盒子的个数,对于任何基数 l,且 $d_l\geqslant1$,存在非空的 Δ 盒子,产生最多 $L+1$ 个不同的区间。对于任何基数 $l(1\leqslant l\leqslant\beta)$,且 $d_l=0$,存在非空的 Δ 盒子,产生最多 $\pi_2(n,\log\overline{x})$ 不同的区间。于是

$$|\mathcal{T}_k|\leqslant(L+1+\pi_2(n,\log\overline{x}))^\beta\leqslant\left\lceil\left(1+\frac{2gn}{\varepsilon}\right)\pi_1(n,\log\overline{x})+1+\pi_2(n,\log\overline{x})\right\rceil^\beta。$$

由于 β 和 g 仅仅依赖于 DP,且为常数,$\pi_1(\cdot,\cdot)$ 和 $\pi_2(\cdot,\cdot)$ 是多项式的,因此 $\mathcal{T}_k$ 的基数也是以 $n,\log\overline{x},\dfrac{1}{\varepsilon}$ 为参数的多项式界。

对于执行删减的过程,需要计算 $\mathcal{U}_k$ 每个状态的 Δ 盒子,以及具有非空交集的 Δ 盒子列表,进而计算 $\mathcal{U}\cap\mathcal{B}$ 上的一个关系 $\prec_{\mathrm{qua}}$,找到最大元素。根据条件 C.4(1),每个 Δ 盒子执行需要多项式时间,由于最多包含 $|\mathcal{U}_k|$ 个 Δ 盒子,因此删减需要总的时间是关于 $n,\log\overline{x},\dfrac{1}{\varepsilon}$ 的多项式。

总之执行 TDP 的运行时间是关于输出规模和 $\dfrac{1}{\varepsilon}$ 的多项式。

7.2 ex-benevolent 问题

本节考虑一个一般动态规划问题的子分类:一个 DP-benevolent 最优化问题 GENE 叫作 ex-benevolent 问题,如果满足以下条件:

对于所有的 $H \in \mathcal{H}$,有 $H \equiv 0$,那么:

$<_{dom}$ 在 N^β 上是一个平凡的关系;

$<_{qua}$ 在 N^β 上是一个普通的关系。

因此条件 C.2 和条件 C.3(2)在任何 ex-benevolent 问题中都是成立的,且条件 C.1 可以归纳如下:

条件 C.5(在 ex-benevolent 问题中的条件 C.1)

对于任意的 $\triangle > 1, F \in \mathcal{F}, \boldsymbol{X} \in N^\alpha$ 和 $\boldsymbol{S}, \boldsymbol{S}' \in N^\beta$,则:

(1) 如果 $\boldsymbol{S}$ 和 $\boldsymbol{S}'$ 是$[\boldsymbol{D}, \triangle]$邻近的,则 $F(\boldsymbol{X}, \boldsymbol{S})$ 和 $F(\boldsymbol{X}, \boldsymbol{S}')$ 是$[\boldsymbol{D}, \triangle]$邻近的。

通过上述的讨论,一个 DP-benevolent 问题是 ex-benevolent 问题当且仅当存在一个满足动态规划方程 DP 的度向量 $\boldsymbol{D}$ 满足条件 C.5,C.3(1)和 C.4。通过定理 7.1,每一个 ex-benevolent 优化问题 GENE 存在一个 FPTAS 算法。

假设一个 DP 简单的优化问题 GENE 的动态规划方程已经确定,且假设想知道是否问题 GENE 也是 ex-benevolent。如何检查条件 C.5,C.3(1)和 C.4 是否满足呢? 条件 C.4 是相当透明的,且容易验证,条件 C.5 和 C.3(1)主要依赖于一个非平凡方式的度向量。接下来,将基于多项式映射和直接识别,介绍一个确定这些条件的简单的例子。

引理 7.1

具有 $\alpha + \beta$ 个变量的多项式函数 $f: N^{\alpha+\beta} \to N$,关联一个依赖于度向量的单变量函数 $f^{(D)}: N \to N$:

$$f^{(D)}(\xi) = f(\underbrace{1, 1, \cdots, 1}_{\alpha \uparrow}, \xi^{d_1}, \xi^{d_2}, \cdots, \xi^{d_\beta})。$$

(1) 假设 $\mathcal{F}$ 是一个映射集合: $F \in \mathcal{F}$ 是向量$(f_1, f_2, \cdots, f_\beta)$,多项式函数 $f_l: N^{\alpha+\beta} \to N$,具有 $\alpha + \beta$ 个非负系数,且对于 $l = 1, 2, \cdots, \beta$,有不等式 $\deg(f_l^{(D)}) \leqslant d_l$ 成立,则 $\mathcal{F}$ 中的函数满足条件 C.5。

(2) 令 $G: N^\beta \to N$ 是一个具有非负系数的多项式函数,则对于任何度向量 D,函数 G 满足条件 C.3(1)。

证明:(1) 对于多项式函数 f_l 可以重新写为

$$f_l(x_1, x_2, \cdots, x_\alpha, y_1, y_2, \cdots, y_\beta) = \sum_{k=(a_1, a_2, \cdots, a_\alpha, b_1, b_2, \cdots, b_\beta)} c_{lk} \prod_{i=1}^{\alpha} x_i^{a_i} \prod_{j=1}^{\beta} y_j^{\beta_j},$$

其中所有的 k 元组均来自于 $N^{\alpha+\beta}$,$c_{lk} \geqslant 0$,且仅有部分系数是正的。由于 $\deg(f_l^{(D)}) \leqslant d_l$,则有 $\sum_{j=1}^{\beta} d_j b_j \leqslant d_l$。设 $\triangle > 1, \boldsymbol{X} = (x_1, x_2, \cdots, x_\alpha) \in N^\alpha$,$\boldsymbol{S} = (s_1, s_2, \cdots, s_\beta), \boldsymbol{S}' = (s_1', s_2', \cdots, s_\beta') \in N^\beta$ 是$[\boldsymbol{D}, \triangle]$邻近的。

考虑某个具有正系数 c_{lk} 的固定的单项式,则有

$$c_{lk} \prod_{i=1}^{\alpha} x_i^{a_i} \prod_{j=1}^{\beta} (\Delta^{-d_j} s_j)^{b_j} \leqslant c_{lk} \prod_{i=1}^{\alpha} x_i^{a_i} \prod_{j=1}^{\beta} (s'_j)^{b_j} \leqslant c_{lk} \prod_{i=1}^{\alpha} x_i^{a_i} \prod_{j=1}^{\beta} (\Delta^{d_j} s_j)^{b_j},$$

根据 $[\boldsymbol{D},\Delta]$ 邻近的定义,进一步可写为

$$c_{lk} \left(\Delta^{\sum_j -d_j b_j}\right) \prod_{i=1}^{\alpha} x_i^{a_i} \prod_{j=1}^{\beta} s_j^{b_j} \leqslant c_{lk} \prod_{i=1}^{\alpha} x_i^{a_i} \prod_{j=1}^{\beta} (s'_j)^{b_j}$$

$$\leqslant c_{lk} \left(\Delta^{\sum_j d_j b_j}\right) \prod_{i=1}^{\alpha} x_i^{a_i} \prod_{j=1}^{\beta} s_j^{b_j},$$

即

$$c_{lk}(\Delta^{-d_l}) \prod_{i=1}^{\alpha} x_i^{a_i} \prod_{j=1}^{\beta} s_j^{b_j} \leqslant c_{lk} \prod_{i=1}^{\alpha} x_i^{a_i} \prod_{j=1}^{\beta} (s'_j)^{b_j} \leqslant c_{lk}(\Delta^{d_l}) \prod_{i=1}^{\alpha} x_i^{a_i} \prod_{j=1}^{\beta} s_j^{b_j},$$

则对于所有的 k 元组,对于上式相加可得

$$\Delta^{-d_l} f_l(X,S) \leqslant f_l(X,S') \leqslant \Delta^{d_l} f_l(X,S), \quad 1 \leqslant l \leqslant \beta.$$

换句话 $F(\boldsymbol{X},\boldsymbol{S})$ 和 $F(\boldsymbol{X},\boldsymbol{S}')$ 是 $[\boldsymbol{D},\Delta]$ 邻近的,且满足条件 C.5。

(2) 令 $G:N^{\beta} \to N$ 为一个具有非负系数的多项式函数,则 G 可以写为

$$G(y_1,y_2,\cdots,y_{\beta}) = \sum_{k=(b_1,b_2,\cdots,b_{\beta})} c_{Gk} \prod_{j=1}^{\beta} y_j^{b_j}。$$

所有系数 c_{Gk} 都是非负的,且仅有有限个正的。定义

$$g = \max\left\{\sum_{j=1}^{\beta} d_j b_j : \boldsymbol{k}=(b_1,b_2,\cdots,b_{\beta}), c_{Gk} \geqslant 0\right\},$$

注意到 g 的值仅依赖于函数 G 和度向量 $\boldsymbol{D}$。

设 $\Delta>1, \boldsymbol{X}=(x_1,x_2,\cdots,x_{\alpha}) \in N^{\alpha}, \boldsymbol{S}=(s_1,s_2,\cdots,s_{\beta}), \boldsymbol{S}'=(s'_1,s'_2,\cdots,s'_{\beta}) \in N^{\beta}$ 是 $[\boldsymbol{D},\Delta]$ 邻近的。考虑某个在 $\boldsymbol{k}=(b_1,b_2,\cdots,b_{\beta})$ 上的固定的单项式,则有

$$c_{Gk} \prod_{j=1}^{\beta} (\Delta^{-d_j} s_j)^{b_j} \leqslant c_{gk} \prod_{j=1}^{\beta} (s'_j)^{b_j} \leqslant c_{gk} \prod_{j=1}^{\beta} (\Delta^{d_j} s_j)^{b_j},$$

根据 $[\boldsymbol{D},\Delta]$ 邻近的和 g 的定义,进一步可写为

$$c_{Gk}(\Delta^{-g}) \prod_{j=1}^{\beta} s_j^{b_j} \leqslant c_{gk} \prod_{j=1}^{\beta} (s'_j)^{b_j} \leqslant c_{gk}(\Delta^g) \prod_{j=1}^{\beta} s_j^{b_j},$$

则对于所有的 k 元组,按上式相加可知满足条件 C.3(1)。

7.2.1　两台同型机下的时间表长问题 $P2 \parallel C_{\max}$

问题　在排序问题 $P2 \parallel C_{\max}$,输入 n 个工件 $J_1, J_2, \cdots, J_n$,具有正的加工时间 p_j 和权重 $w_j, j=1,2,\cdots,n$。所有的工件 0 时刻开始加工且不允许中

断。目标是在两台恒同机上安排工件,使得最大完工时间最小。Karp[60] 证明问题 $P2 \| C_{\max}$ 是一般意义下 NP 难的,且 Sahni[61] 对于该问题提供了一个 FPTAS 算法。

动态规划   令 $\alpha=1, \beta=2$,对于 $k=1,2,\cdots,n$,定义输入向量 $\boldsymbol{X}_k=(p_k)$。状态 (s_1,s_2) 表示前 k 个工件 $J_1,J_2,\cdots,J_k$ 部分序列的相关信息:关键坐标 s_1 表示第一台机器部分序列的总加工时间,s_2 表示第二台机器部分序列的总加工时间。定义函数 F_1,F_2,有

$$F_1(p_k,s_1,s_2)=(s_1+p_k,s_2),$$
$$F_2(p_k,s_1,s_2)=(s_1,s_2+p_k)。$$

于是在考虑了由 $J_1,J_2,\cdots,J_{k-1}$ 组成的部分序列,函数 F_1 安排工件 J_k 在第一台机器的最后,函数 F_2 安排工件 J_k 在第二台机器的最后。设 $G(s_1,s_2)=\max\{s_1,s_2\}$,初始状态 $S_0=\{(0,0)\}$。动态规划方程归功于 Horowitz & Sahni[62]。

Benevolence   考虑度向量 $\boldsymbol{D}=(1,1)$。函数 F_1,F_2 是非负系数的多项式函数,引理 7.1(1) 表明了条件 C.5 是满足的。当 $g=1$ 时也满足条件 C.3(1)。条件 C.4(1),C.4(2) 和 C.4(3) 可以直接得出。由于所有分量的上界是 $\sum p_j$,则满足 C.4(4)。于是问题 $P2 \| C_{\max}$ 是 ex-benevolent 问题。

推论 7.1(Sahni[61])   排序问题 $P2 \| C_{\max}$ 存在 FPTAS 算法。

结果很容易应用到对应的问题:具有 m 个固定的机器个数的恒同机、同类机或者非同类机排序问题,目标函数为最小化最大完工时间,这三类问题也是 ex-benevolent 问题,因此存在全多项式近似方案。

7.2.2   两台同型机下的总权完工时间问题 $P2 \| \sum w_j C_j$

问题   在排序问题 $P2 \| \sum w_j C_j$ 中,输入 n 个工件 $J_1,J_2,\cdots,J_n$,具有正的加工时间 p_j 和权重 w_j,$j=1,2,\cdots,n$。所有的工件 0 时刻开始加工且不允许中断。目标是在两台恒同机上安排工件,使得总权完工时间最小。问题 $P2 \| \sum w_j C_j$ 是一般意义下 NP 难的(Bruno,Coffman 和 Sethi[63] 和 Lenstra,Rinnooy Kan 和 Brucker[57])。Sahni 对于该问题构造了一个 FPTAS 算法。

动态规划   按照 $\dfrac{p_1}{w_1} \leqslant \dfrac{p_2}{w_2} \leqslant \cdots \leqslant \dfrac{p_n}{w_n}$ 对于工件序列重新标号。工件交换的方法可以证明在最优序列中任何一台机器上加工的工件之间不存在空闲时间,每台机器上的工件按照该序列的非减序列排列。

令 $\alpha=2, \beta=3$,定义输入向量 $\boldsymbol{X}_k=(p_k,w_k)$,$k=1,2,\cdots,n$。状态 (s_1,s_2,s_3) 表示前 k 个工件 $J_1,J_2,\cdots,J_k$ 部分序列的相关信息:关键坐标 s_1 表示第一台

机器部分序列的总加工时间;s_2 表示第二台机器部分序列的总加工时间;s_3 表示部分序列的目标函数值。定义函数 F_1,F_2,有

$$F_1(p_k,w_k,s_1,s_2,s_3)=[s_1+p_k,s_2,s_3+w_k(s_1+p_k)],$$
$$F_2(p_k,w_k,s_1,s_2,s_3)=[s_1,s_2+p_k,s_3+w_k(s_2+p_k)]。$$

设 $\mathcal{F}=\{F_1,F_2\},G(s_1,s_2,s_3)=s_3$,初始状态 $S_0=\{(0,0,0)\}$,定义度向量 $\boldsymbol{D}=(1,1,1)$。引理 7.1 意味着问题 $P2\parallel\sum w_jC_j$ 是 ex-benevolent 问题。

推论 7.2(Sahni [61],1976)　问题 $P2\parallel\sum w_jC_j$ 存在一个 FPTAS 算法。

7.2.3　具有时间相关加工时间的两台同型机的总完工时间问题 $P2\,|\,\text{time-dep}\,|\,\sum C_j$

问题　在排序问题 $P2\,|\,\text{time-dep}\,|\,\sum C_j$,输入 n 个工件 $J_1,J_2,\cdots,J_n$ 和 $m=2$ 台恒同机,工件 J_j 具有正整数 $b_j,j=1,2,\cdots,n$。所有的工件在 1 时刻开始加工。如果工件 J_j 在 $t(\geqslant 1)$ 时刻加工,则工件 J_j 的实际加工时间为 b_jt。目标函数为最小化总完工时间。Chen[64]证明了问题 $P2\,|\,\text{time-dep}\,|\,\sum C_j$ 是一般意义下 NP 难的。

动态规划　假设在某个序列中,其中一个机器上的工件的总加工时间为 P,工件 J_j 是这台机器上最后加工的工件,则总加工时间变为 $P(1+b_j)$。重新标记工件按照 $b_1\leqslant b_2\leqslant\cdots\leqslant b_n$。利用工件交换的方法可以证明,存在一个最优序列,在每台机器上工件按照 b_j 的非减序列排列。

令 $\alpha=1,\beta=3$,定义输入向量 $\boldsymbol{X}_k=(b_k),k=1,2,\cdots,n$。状态 (s_1,s_2,s_3) 表示前 k 个工件 $J_1,J_2,\cdots,J_k$ 部分序列的相关信息:关键坐标 s_1 表示第一台机器部分序列的总加工时间;s_2 表示第二台机器部分序列的总加工时间;s_3 表示部分序列的目标函数值。定义函数 F_1,F_2,有

$$F_1(p_k,s_1,s_2,s_3)=[s_1(1+p_k),s_2,s_3+s_1(1+p_k)],$$
$$F_2(p_k,s_1,s_2,s_3)=[s_1,s_2(1+p_k),s_3+s_2(1+p_k)]。$$

于是在考虑了由 $J_1,J_2,\cdots,J_{k-1}$ 组成的部分序列后,函数 F_1 安排工件 J_k 在第一台机器的最后,函数 F_2 安排工件 J_k 在第二台机器的最后。最后,设 $G(s_1,s_2,s_3)=s_3$,初始状态 $S_0=\{(1,1,1)\}$。

Benevolence　所有状态分量的值的上界为 $n\prod_{j=1}^{n}(1+b_j)\leqslant n(\bar{x})^n$,进而他们的自然对数的界为 $n\ln\bar{x}+\ln n$,满足条件 C.4 中(4)。引理 7.1 意味着对于度向量 $\boldsymbol{D}=(1,1,1)$,问题 $P2\,|\,\text{time-dep}\,|\,\sum C_j$ 是 ex-benevolent 问题。

推论 7.3 问题 $P2 \mid \text{time-dep} \mid \sum C_j$ 存在一个 FPTAS 算法。

推论 7.3 的结果很容易应用到对应的问题：具有 m 个固定的机器个数的恒同机或者同类机排序问题，目标函数为最小化总加权完工时间，这两类问题也是 ex-benevolent 问题，因此存在全多项式近似方案。

7.3 cc-benevolent 问题

本节考虑 N^β 上基于一个特殊的拟线性序的另一个特殊的 DP 简单优化问题。令向量 $\boldsymbol{S} = (s_1, s_2, \cdots, s_\beta) \in N^\beta$ 的第一个分量 s_1 成为关键坐标。对于两个向量 $\boldsymbol{S}, \boldsymbol{S}' \in N^\beta$，$\boldsymbol{S} \prec_{cc} \boldsymbol{S}'$ 当且仅当 $\boldsymbol{S}'$ 的关键坐标小于或者等于 $\boldsymbol{S}$ 的关键坐标。进而 $\prec_{cc}$ 也是 N^β 的一个拟线性序，也叫作和关键坐标拟线性序。因此关键坐标下的 DP-benevolent 问题也称为 cc-benevolent 问题。

引理 7.2 下面的四个陈述对于 DP 简单优化问题是成立的，其中关系 $\prec_{qua}$ 是关键坐标拟线性序 $\prec_{cc}$。

(1) 假设 $\mathcal{F}$ 是一个映射集合，$F \in \mathcal{F}$ 是由具有非负系数的多项式函数 $f_l (f_l : N^{\alpha+\beta} \to N, l = 1, 2, \cdots, \beta)$ 组成的向量 $(f_1, f_2, \cdots, f_\beta)$。不等式 $\deg(f_l^{(D)}) \leqslant d_l$ 成立。进一步 $f_l(\boldsymbol{X}, \boldsymbol{S})$ 的值仅依赖于 $\boldsymbol{X}, \boldsymbol{S}$ 的关键坐标以及 $\boldsymbol{S}$ 的 l 分量，且 d_l 的度向量等于 0，则 $\mathcal{F}$ 中函数满足条件 C.1(1)。

(2) 假设 $H \in \mathcal{H}$ 是一个多项式 $H(\boldsymbol{X}, \boldsymbol{S})$，仅仅依赖 $\boldsymbol{X}, \boldsymbol{S}$ 的关键坐标以及 $\boldsymbol{S}$ 的 l 分量，且 d_l 的度向量等于 0。进一步 $H(\boldsymbol{X}, \boldsymbol{S})$ 的每个依赖于关键坐标的单项式具有非负系数，则 $\mathcal{H}$ 中函数满足条件 C.2(1)。

(3) 令 $G: N^\beta \to N$ 是一个具有非负系数的多项式函数，则对于任何度向量 D，函数 G 满足条件 C.3(1)。

(4) 假设 $\prec_{dom}$ 是平凡关系，则满足条件 C.1(2)，C.2(2)，C.3(2)。

证明：(1) 由引理可得 $F(\boldsymbol{X}, \boldsymbol{S})$ 和 $F(\boldsymbol{X}, \boldsymbol{S}')$ 是 $[\boldsymbol{D}, \Delta]$ 邻近的。注意到除了关键坐标，$[\boldsymbol{D}, \Delta]$ 邻近的向量 $(\boldsymbol{X}, \boldsymbol{S})$ 和 $(\boldsymbol{X}, \boldsymbol{S}')$ 是一致的，$\boldsymbol{S} \prec_{cc} \boldsymbol{S}'$ 意味着 $f_l(\boldsymbol{X}, \boldsymbol{S}') \leqslant f_l(\boldsymbol{X}, \boldsymbol{S})$，进而有 $F(\boldsymbol{X}, \boldsymbol{S}) \prec_{cc} F(\boldsymbol{X}, \boldsymbol{S}')$，且函数 F 满足条件 C.1(1)。

(2) $H(\boldsymbol{X}, \boldsymbol{S})$ 和 $H(\boldsymbol{X}, \boldsymbol{S}')$ 仅依赖于关键坐标和向量 $(\boldsymbol{X}, \boldsymbol{S})$ 和 $(\boldsymbol{X}, \boldsymbol{S}')$ 相同的坐标。进而 $H(\boldsymbol{X}, \boldsymbol{S})$ 关于关键坐标是非增的。

(3) 和 (4) 可以直接得到结论。

7.3.1 单机下加权误工工件个数问题 $1 \mid \text{batch} \mid \sum w_j U_j$

问题 本节讨论一个批排序问题 $1 \mid \text{batch} \mid \sum w_j U_j$。存在 n 个工件 J_j，

具有整数加工时间 p_j,权重 w_j 和工期 d_j,$j=1,2,\cdots,n$。每批的批安装时间为 b。所有工件在 0 时刻开始加工,且不允许中断。工件成批加工,每批开始加工前有一个安装时间 b。工件的加工时间是所在批的工件加工时间之和。目标是在单台机器上安排工件使得总加权误工工件个数最小。由于问题 $1\mid\text{batch}\mid\sum w_jU_j$ 包含一个特例 $1\parallel\sum w_jU_j$,因此该问题是一般意义下 NP 难的。Brucker & Kovalyov[66] 对于该问题设计了一个 FPTAS 算法。

动态规划　重新按照 $d_1\leqslant d_2\leqslant\cdots\leqslant d_n$ 标记工件。Hochbaum 和 Landy[65] 证明存在一个最优序列满足所有的提前完工工件排在误工工件之前,且提前完工工件按照工期的非减顺序排列。于是,增加一个新的工件 J_k 到已经安排 $J_1,J_2,\cdots,J_{k-1}$ 的部分序列:这个新工件可能被安排误工(F_1);可能被安排在当前批(F_2);可能安排在一个新的批(F_3)。

令 $\alpha=3,\beta=3$,定义输入向量 $X_k=(p_k,w_k,d_k)$,$k=1,2,\cdots,n$。状态(s_1,s_2,s_3)表示前 k 个工件 $J_1,J_2,\cdots,J_k$ 部分序列的相关信息:关键坐标 s_1 表示部分序列的提前完工工件的总加工时间和安装时间;s_2 表示部分序列的总权误工工件个数;s_3 表示部分序列最后一批具有最小下标的工期。定义函数 F_1,F_2,F_3,有

$$F_1(p_k,w_k,d_k,s_1,s_2,s_3)=(s_1+p_k,s_2+w_k,s_3),$$
$$F_2(p_k,w_k,d_k,s_1,s_2,s_3)=(s_1+p_k,s_2,s_3),$$
$$F_3(p_k,w_k,d_k,s_1,s_2,s_3)=(s_1+b+p_k,s_2,d_k).$$

函数 H_1,H_2,H_3 分别对应着函数 F_1,F_2,F_3,有

$$H_1(p_k,w_k,d_k,s_1,s_2,s_3)=0,$$
$$H_2(p_k,w_k,d_k,s_1,s_2,s_3)=s_1+p_k-s_3,$$
$$H_3(p_k,w_k,d_k,s_1,s_2,s_3)=s_1+b+p_k-d_k.$$

最后,$G(s_1,s_2,s_3)=s_2$,初始状态 $S_0=\{(0,0,0)\}$。

Benevolence　利用支配关系 $\prec_{\text{dom}}$ 和度向量 $\boldsymbol{D}=(1,1,0)$。注意到状态中的第三个分量仅仅产生 n 个工期,于是满足条件 C.4(4)。因此问题 $1\mid\text{batch}\mid\sum w_jU_j$ 的确是 cc-benevolent 问题。

推论 7.4(Brucker & Kovalyov[66])　排序问题 $1\mid\text{batch}\mid\sum w_jU_j$ 存在一个 FPTAS 算法。

7.3.2　单机下退化效应相关的时间表长问题 $1\mid\text{Deteriorate}\mid C_{\max}$

问题　对于 $1\mid\text{Deteriorate}\mid C_{\max}$,输入两个非负的整数 D,d 和 n 个工件

$J_1, J_2, \cdots, J_n$，这些工件具有正的加工时间 p_j 和权重 w_j，$j=1,2,\cdots,n$。所有的工件 0 时刻开始加工，工件 J_j 在 t 的实际加工时间为

$$p_j(t) = \begin{cases} p_j, & t \leqslant d, \\ p_j + w_j(t-d), & d < t < D, \\ p_j + w_j(D-d), & t \geqslant D, \end{cases}$$

目标函数为最大完工时间。Kubiak 和 van de Velde[67] 证明该问题是一般意义下 NP 难的，且提供了一个伪多项式时间算法。Kovalyov 和 Kubiak[68] 对于该问题构造了一个 FPTAS。

动态规划算法　　在时刻 d 以及之前开始加工的工件称为提前完工工件，在时刻 d 和时刻 D 之间开始加工的工件称为误工工件，在时刻 D 之后完工的工件称为暂缓工件。按照 $\dfrac{p_1}{w_1} \leqslant \dfrac{p_2}{w_2} \leqslant \cdots \leqslant \dfrac{p_n}{w_n}$ 对于工件序列重新标号。工件交换的方法可以证明在最优序列中提前完工工件按照该序列的非减序列排列，误工工件按照该序列的非减序列排列，暂缓工件按照该序列的非减序列排列。

引理 7.3（Kubiak 和 van de Velde[67]）

工件 $J_1, J_2, \cdots, J_l$ 是误工工件序列，C_j 为工件 J_j 的完工时间，令 $d+\lambda$（$\lambda \geqslant 0$）为提前完工工件的加工时间之和，且为工件 J_1 的开工时间。对于 $i=1,2,\cdots,l$，

$$\begin{aligned} C_i = {} & (1+w_i)(1+w_{i-1})\cdots(1+w_1)\lambda + \\ {} = {} & (1+w_i)(1+w_{i-1})\cdots(1+w_2)p_1 + \\ & (1+w_i)(1+w_{i-1})\cdots(1+w_2)p_1 + \cdots + \\ & (1+w_i)(1+w_{i-1})p_{i-2} + \\ & (1+w_i)p_{i-1} + p_i + d \, . \end{aligned}$$

令 $y_i = C_i - \lambda x_i - d$，其中 $x_i = (1+w_i)(1+w_{i-1})\cdots(1+w_1)$，定义 $y_0 = 0$，$x_0 = 1$。则有

$$x_i = (1+w_i)x_{i-1}, \quad y_i = (1+w_i)y_{i-1} + p_i, \quad i=1,2,\cdots,l \, .$$

进而最后一个工件 J_l 的完工时间为 $C_l = \lambda x_l + y_l + d$。

令 $\alpha=2$，$\beta=4$，定义输入向量 $X_k = (p_k, w_k)$，$k=1,2,\cdots,n$。状态 (s_1, s_2, s_3, s_4) 表示前 k 个工件 $J_1, J_2, \cdots, J_k$ 部分序列的相关信息：关键坐标 s_1 表示提前完工工件的加工时间和；s_2 表示所有误工工件的加工时间的当前 x 系数；s_3 表示所有误工工件的加工时间的当前 y 系数；s_4 表示暂缓加工工件的加工时间和。

$\mathcal{F}$ 由三个函数组成：F_1 把工件 J_k 排为提前的工件；F_2 把工件 J_k 排为误工的工件；F_3 把工件 J_k 排为暂缓工件。

$$F_1(p_k,w_k,s_1,s_2,s_3,s_4)=(s_1+p_k,s_2,s_3,s_4),$$

$$F_2(p_k,w_k,s_1,s_2,s_3,s_4)=[s_1,s_2(1+w_k),s_3(1+w_k)+p_k,s_4],$$

$$F_3(p_k,w_k,s_1,s_2,s_3,s_4)=[s_1,s_2,s_3,s_4+w_k(D-d)+p_k]。$$

进而设 $H_1(p_k,w_k,s_1,s_2,s_3,s_4)=s_1-d,H_2=H_3=0$。最后初始化 $S_0=(0,0,0,0),G(s_1,s_2,s_3,s_4)=s_2\max\{s_1-d,0\}+s_3+d+s_4$。

注意到函数 H_1 控制提前完工工件的总加工时间,一旦 s_1 超过 d,就没有工件可以提前排;函数 H_2 无法阻止任何工件被延误,则在某种状态下的误工工件的总加工时间可能大于 $D-d$,最后一个误工工件实际上就是暂缓工件。

Benevolence　考虑度向量 $\boldsymbol{D}=(1,1,1,1)$,拟线性序 $<_{cc}$ 和一个平凡的支配关系,条件 C. 1,C. 3(2)和 C. 2 都能够被满足。

条件 C. 3(1)对于 $g=1$ 也是成立的,如果 $\boldsymbol{S}=(s_1,s_2,s_3,s_4)$ 和 $\boldsymbol{S}'=(s_1',s_2',s_3',s_4')$ 是 $[\boldsymbol{D},\Delta]$ 邻近的,$\boldsymbol{S}<_{qua}\boldsymbol{S}'$,则 $s_1\leqslant s_1'$ 和 $s_l'\leqslant\Delta s_l,l=2,3,4$,于是 $G(\boldsymbol{S})\leqslant\Delta G(\boldsymbol{S}')$。由于条件 C. 4 很容易验证,因此得到排序问题 $1|\text{Deteriorate}|C_{\max}$ 是 cc-benevolent 问题。

推论 7. 5(Kovalyov & Kubiak[68])　排序问题 $1|\text{Deteriorate}|C_{\max}$ 拥有一个 FPTAS。

7.3.3　单机下误工损失问题 $1\|\sum V_j$

问题　对于 $1\|\sum V_j$,输入 n 个工件 $J_1,J_2,\cdots,J_n$,具有正的加工时间 p_j 和工期 $d_j,j=1,2,\cdots,n$。所有工件 0 时刻开始加工,不允许中断。C_j 表示工件 J_j 的完工时间,那么有:

(1) 如果 $C_j\leqslant d_j$,则工件 J_j 是提前的,且 $V_j=0$;

(2) 如果 $d_j<C_j\leqslant d_j+p_j$,则工件 J_j 是部分提前的,且 $V_j=C_j-d_j$;

(3) 如果 $C_j\geqslant d_j+p_j$,则工件 J_j 是误工的,且 $V_j=p_j$。

排序的目标是在单台机器上最小化总误工损失。问题 $1\|\sum V_j$ 是一般意义下 NP 的(Potts 和 Van Wassenhove[69]),并且存在一个 FPTAS(Potts 和 Van Wassenhove[70])。

动态规划　按照 $d_1\leqslant d_2\leqslant\cdots\leqslant d_n$ 对于工件序列重新标号。Potts 和 Van Wassenhove[69]证明了存在一个最优序列满足提前完工或者部分提前完工工件在所有误工工件之前加工,且这些工件按照 EDD 序排列。

令 $\alpha=2,\beta=2$,定义输入向量 $X_k=(p_k,d_k),k=1,2,\cdots,n$。状态 $\boldsymbol{S}=(s_1,s_2)$ 表示 S_k 中前 k 个工件部分序列的相关信息:关键坐标 s_1 表示提前完工或者部分提前完工的工件总加工时间;s_2 表示部分序列的总权误工损失。定义 F_1,F_2,

$$F_1(p_k, d_k, s_1, s_2) = (s_1 + p_k, s_2 + \max\{0, s_1 + p_k - d_k\}),$$

$$F_2(p_k, d_k, s_1, s_2) = (s_1, s_2 + p_k)。$$

注意到 F_1 立即把工件 J_k 排为提前的或者部分提前的，$C_k = s_1 + p_k$ 且 $V_k = \max\{0, s_1 + p_k - d_k\}$；$F_2$ 把工件 J_k 排为误工的，$V_k = p_k$。对于所有的 $H \in \mathcal{H}, H = 0$ 成立。最后 $G(s_1, s_2) = s_2$ 初始状态 $S_0 = \{(0,0)\}$。

Benevolence 考虑度向量 $\boldsymbol{D} = (1,1)$ 和支配关系，

$$(s_1, s_2) <_{\text{dom}} (s_1', s_2') \Leftrightarrow s_l' \leqslant s_l, \quad l = 1, 2$$

关键工件拟线性序是该支配关系的一个扩展，条件 C.2 也是满足的。函数 G 是一个多项式的，且在 $g = 1$ 的情形下，满足条件 C.3(1)。由于函数 G 是关于 s_1 和 s_2 的非减函数，则条件 C.3(2)也满足。

由于函数 F_1 和 F_2 的坐是关于 s_1 和 s_2 的非减函数，则满足条件 C.1(2)，且条件 C.4 也很容易验证。

接下来验证条件 C.1(1)。由于函数 F_1 不是一个多项式向量，无法直接调用引理 7.1(1)。随后的引理能够对验证条件 C.1(1)提供帮助。

引理 7.4 在 $\mathcal{F}$ 上的函数，具有度向量 $\boldsymbol{D} = (1,1)$ 和支配关系的动态规划方程满足条件 C.1(1)。

证明： 考虑实数 $\Delta > 1$，有正整数向量 $\boldsymbol{X} = (p, d)$。而且向量 $\boldsymbol{S} = (s_1, s_2)$ 和 $\boldsymbol{S}' = (s_1', s_2')$ 满足 $\boldsymbol{S} < \boldsymbol{S}'$，也是 $[\boldsymbol{D}, \Delta]$ 临近的。于是有 $s_1' \leqslant s_1$ 和 $\frac{1}{\Delta} s_i \leqslant s_i' \leqslant \Delta s_i$。由 $p \geqslant 0$ 和 $\Delta \geqslant 1$，有 $\frac{1}{\Delta}(s_1' + p) \leqslant s_1 + p \leqslant \Delta(s_1' + p)$。

注意到 $s_1' \leqslant s_1$，有 $\max\{0, s_1' + p - d\} \leqslant \max\{0, s_1 + p - d\}$。又因为 $\frac{1}{\Delta} s_2' \leqslant s_2$，则 $\frac{1}{\Delta}(s_2' + \max\{0, s_1' + p - d\}) \leqslant s_2 + \max\{0, s_1 + p - d\}$。

接下来分两种情形讨论：

(1) 假设 $s_2 + \max\{0, s_1 + p - d\} \leqslant \Delta(s_2' + \max\{0, s_1' + p - d\})$，则 $F_1(\boldsymbol{X}, \boldsymbol{S})$ 和 $F_1(\boldsymbol{X}, \boldsymbol{S}')$ 是 $[\boldsymbol{D}, \Delta]$ 临近的，更进一步有 $F_1(\boldsymbol{X}, \boldsymbol{S}) <_{\text{cc}} F_1(\boldsymbol{X}, \boldsymbol{S}')$。于是 F_1 满足条件 C.1(1)。

(2) 假设 $s_2 + \max\{0, s_1 + p - d\} > \Delta(s_2' + \max\{0, s_1' + p - d\})$，则 $s_2 + \max\{0, s_1 + p - d\} > (s_2' + \max\{0, s_1' + p - d\})$，即 $F_1(\boldsymbol{X}, \boldsymbol{S})$ 支配 $F_1(\boldsymbol{X}, \boldsymbol{S}')$，且 F_1 满足条件 C.1(1)。

总之，函数 F_1 的每一种情形满足条件 C.1(1)。由于 F_2 是一个多项式的向量，因此引理 7.1(1)可以的证明 F_2 也满足条件 C.1(1)。即，问题 $1 \| \sum V_j$ 是一个 cc-benevolent 优化问题。

推论 7.6（**Potts & Van Wassenhove**[70]**,1992**）　问题 $1 \parallel \sum V_j$ 存在一个 FPTAS 算法。

7.3.4　单机下加权误工损失问题 $1 \parallel \sum w_j V_j$

问题　本节主要讨论带有权重的损失问题，即 $1 \parallel \sum w_j V_j$。该问题仍然是一般意义下 NP 难的。Kovalyov，Potts 和 Van Wassenhove[71] 提供了该问题的一个 FPTAS。

动态规划算法　按照 $d_1 \leqslant d_2 \leqslant \cdots \leqslant d_n$ 对于工件序列重新标号。和不带权重的问题不同的是对于带有权重问题，在最优序列中提前完工或者部分提前完工并不是按照工期的非减序列排列的。

性质 7.1（**Hariri，Potts 和 Van Wassenhove**[72]）

存在一个最优序列满足随后的情形：若 $\boldsymbol{\sigma}$ 表示提前完工或者部分提前完工的序列，则在序列 $\boldsymbol{\sigma}$ 中，对于任意的工件 J_j，存在最多一个其他的工件 J_l 排在工件 J_j 之后，但是工期满足 $d_j \geqslant d_l$（工件 J_l 也称为干涉工件）。令 $\alpha = 3$，$\beta = 5$，定义输入向量 $\boldsymbol{X}_k = (p_k, d_k, w_k)$，$k = 1, 2, \cdots, n$。进而存在一个虚拟向量 $\boldsymbol{X}_{n+1} = (0, 0, 0)$。状态 $(s_1, s_2, s_3, s_4, s_5)$ 中的关键坐标 s_1 表示提前完工或者部分提前完工的工件总加工时间；s_2 表示部分序列的总权误工损失；另外的三个坐标 s_3, s_4, s_5 分别表示干涉工件的加工时间、工期和权重。

$$F_1(p_k, d_k, w_k, s_1, s_2, s_3, s_4, s_5)$$
$$= (s_1 + p_k, s_2 + w_k \max\{0, s_1 + p_k - d_k\}, s_3, s_4, s_5),$$
$$F_2(p_k, d_k, w_k, s_1, s_2, s_3, s_4, s_5)$$
$$= (s_1, s_2 + p_k, s_3, s_4, s_5),$$
$$F_3(p_k, d_k, w_k, s_1, s_2, s_3, s_4, s_5)$$
$$= (s_1 + s_3, s_2 + s_5 \max\{0, s_1 + s_3 - s_4\}, p_k, d_k, w_k).$$

注意到 F_1 把工件 J_k 排为提前的或者部分提前的；F_2 把工件 J_k 排为误工的；F_3 把干涉工件存储到 s_3, s_4, s_5 作为提前完工或者部分提前完工的，并且存储工件 J_k 为新的干涉工件。虚拟向量 $\boldsymbol{X}_{n+1}$ 确保最后的非误工工件（可能是干涉工件或者非干涉工件）能够被排，对于所有的 $H \in \mathcal{H}, H = 0$ 成立。设

$$G(s_1, s_2, s_3, s_4, s_5) = s_2 + s_3 \sum_{j=1}^{n} w_j p_j.$$

注意到在 G 中 s_3 的系数等于所有工件都被延误的目标函数值。于是 s_3 是非零的，G 的值非常大。接下来的情形为 $s_3 = 0$ 且虚拟向量 $\boldsymbol{X}_{n+1}$ 组成最终的干涉工件。最后初始化 $\boldsymbol{S}_0 = (0, 0, 0, 0, 0)$。

Benevolence 考虑度向量 $\boldsymbol{D}=(1,1,0,0,0)$ 和支配关系,

$$(s_1,s_2,s_3,s_4,s_5) \prec_{\text{dom}} (s'_1,s'_2,s'_3,s'_4,s'_5) \Leftrightarrow \begin{cases} s'_l \leqslant s_l, & l=1,2, \\ s'_l = s_l, & l=3,4,5。 \end{cases}$$

关键坐标拟线性序是这个支配关系的扩展,满足条件 C.2,条件 C.3 和条件 C.1(2)。条件 C.1(1) 能够根据上面的分析验证。总之排序问题 $1 \parallel \sum w_j V_j$ 是 cc-benevolent 问题。

推论 7.7(Kovalyov,Potts 和 Van Wassenhove[71]) 排序问题 $1 \parallel \sum w_j V_j$ 拥有一个 FPTAS。

7.4 本章小结

本章的主要贡献是给出了组合最优化问题的 DP-benevolence 的概念。证明了 DP-benevolent 最优化问题存在一个全多项式近似方案。详细给出了 ex-benevolence 问题和 cc-benevolence 问题的最优性质,并给出了几类排序问题如何利用动态规划刻画 FPTAS 算法。

参 考 文 献

[1] Johnson S M. Optimal two and three stage production schedules with setup times included[J]. Naval Research Logistics,1954,1(1)：61-68.

[2] 越民义,韩继业. n 个零件在 m 台机床上的加工顺序问题（Ⅰ）[J]. 中国科学,1975,5(5)：462-470.

[3] 疏松桂. 英汉自动化词汇[M]. 北京：科学出版社,1985：480.

[4] 唐国春,张峰,罗守成,等. 现代排序论[M]. 上海：上海科学普及出版社,2003.

[5] 唐国春. 关于 scheduling 中文译名的注记[J]. 系统管理学报,2010,19(6)：713-716.

[6] Baker K R. Introduction to Sequencing and Scheduling[M]. New York：John Wiley and Sons,1974.

[7] Pinedo M. Scheduling：Theory, Algorithm and System[M]. 5th ed. Berlin：Springer Science＋Business Media LLC,2016.

[8] The Commission on Physical Sciences Mathematics，and Resources. 美国数学的现在和未来[M]. 周仲良,郭镜明,译. 上海：复旦大学出版社,1986.

[9] Lawler E L,Lenstra J K,Kan A，et al. Sequencing and scheduling：Algorithms and complexity[J]. Logistic of production & inventory,1993：445-522.

[10] Graham R L,Lawer E L,Lenstra J K，et al. Optimization and Approximation in Deterministic Sequencing and Scheduling：A Survey[J]. Annals of Discrete Mathematics,1979,5(1)：287-326.

[11] 马良,宁爱兵. 高级运筹学[M]. 北京：机械工业出版社,2008.

[12] Bernhard K，Jens V. Combinatorial Optimization：Theory and Algorithms[M]. 6th ed. Berlin：Springer-Verlag Berlin Heidelberg,2018.

[13] Emmons H. One-machine Sequencing to Minimize Certain Functions of Job Tardiness[J]. Operations Research,1969,17：701-715.

[14] 陈敏超,何荣,唐国春. 工件的预排序及其算法的可行性[J]. 上海第二工业大学学报,1988(02)：86-90.

[15] Schrage L，Baker K R. Dynamic Programming Solution of Sequencing Problems with Precedence Constraints[J]. Operational Research,1978,26(3)：444-449.

[16] Lawler E L. A dynamic programming algorithm for preemptive scheduling of a single machine to minimize the number of late jobs[J]. Annals of Operations Research,1990,26(1)：125-133.

[17] Lawler E L. Optimal Sequencing of a Single Machine Subject to Precedence Constraints[J]. Management Science. 1973,19：544-546.

[18] Liu Z，Yu W. Minimizing the Number of Late Jobs under the Group Technology Assumption[J]. Journal of Combinatorial Optimization,1999,3(1)：5-15.

[19] Monma C L, Potts C N. On the Complexity of Scheduling with Batch Setup Times[J]. Operations Research,1989,37(5)：798-804.

[20] Nowicki E, Zdrzalka S. A survey of results for sequencing problems with controllable processing times[M]. Amsterdam: Elsevier Science Publishers B. V. 1990.

[21] Lawler E L, Moore J M. A Functional Equation and its Application to Resource Allocation and Sequencing Problems[J]. Management Science,1969: 77-84.

[22] Vickson R G. Choosing the Job Sequence and Processing Times to Minimize Total Processing Plus Flow Cost on a Single Machine[J]. Operations Research,1980,28: 1155-1167.

[23] Vickson R G. Two Single Machine Sequencing Problems Involving Controllable Job Processing Times[J]. International of Industrial Engineers Transactions,1980,12: 258-262.

[24] Huang W, Li S, Tang G. A Single Machine Scheduling Problem to Minimize the Weighted Number of Late Cost and Crashed Jobs [J]. International Journal of Operations and Production Management,1998,4: 151-164.

[25] Chen Z, Lu Q, Tang G. Single Machine Scheduling with discretely controllable processing times[J]. Operational Research Letters,1997,21 (2): 69-76.

[26] Bo C, Potts C N, Woeginger G J. A Review of Machine Scheduling: Complexity, Algorithms and Approximability[J]. Springer US,1998: 21-169.

[27] 张峰,唐国春.可控排序问题的凸二次规划松弛近似算法[J].自然科学进展:国家重点实验室通讯,2001,11(11): 6.

[28] 孙世杰.用 Horn 算法解 $1|r_j,UET|L_{max}$ 问题所获最优序的结构特征[J].上海科技大学学报,1993,16(4): 355-362.

[29] 孙世杰,谢琪.流水线生产中存在调整时间的 Lot-Streaming 问题[J].上海大学学报:自然科学版,1996,2(5): 473-478.

[30] 孙世杰.单处理机在加工时间相同准备时间可控时的 $\sum w_j C_j$ 问题[J].应用数学与计算数学学报,1993,7(1): 29-39.

[31] 孙世杰,Kibet R J. $1|r_j,P_j=1|L_{max}$ 在应交工时间可控时有效点集的求解[J].应用科学学报,1998,016(004): 479-485.

[32] 张峰,陈德伍.最小化延误工序的单机限期批处理问题(英文)[J].数学理论与应用,1999(3): 87-91.

[33] Li Z, Uzsoy R, Martin-Vega L A. Efficient Algorithms for Scheduling Semi-conductor Burn-in Operations[J]. Operational Research,1992,40: 764-775.

[34] Bartal Y, Leonard S, Marchetti-Spaccamela A, et al. Multiprocessor Scheduling with Rejection[J]. SIAM Joural on Discrete Mathematics,2000,3(1): 64-78 .

[35] Engels D W, Karger D R, Kolliopoulos S G, et al. Techniques for Scheduling with Rejection[J]. Journal of Algorithms, 2003,49(1): 175-191.

[36] Hoogeveen H, Skutella M, Woeginger G J. Preemptive Scheduling with Rejection[J]. Mathematical Programming,2003,94(2-3): 361-374.

[37] 张峰,唐国春.工件可拒绝排序问题的研究[J].同济大学学报:自然科学版,2006,34: 116-119.

［38］ 张峰，范静. 工件可拒绝排序问题的线性规划松弛算法［J］. 上海第二工业大学学报，2005，22：13-20.

［39］ Lee C，Uzsoy R. Minimizing Makespan on a Single Batch Processing Machine with Dynamic Job Arrivals［J］. International Journal of Production Research，1999，37：219-236.

［40］ Smith W E. Various Optimizers for Single-stage Production［J］. Naval Research Logistics，1956，3：59-66.

［41］ 黄中鼎. 现代物流管理［M］. 上海：复旦大学出版社，2005.

［42］ Thomas D J，Griffin P M. Coordinated Supply Chain Management［J］. European Journal of Operations Research，1996，94：1-15.

［43］ Sarmiento A M，Nagi R. A review of integrated analysis of production distribution systems［J］. International of Industrial Engineers Transactions，1999，31：1061-1074.

［44］ Erengüc S S，Simpson N C，Vakharia A J. Integrated Production/Distribution Planning in Supply Chains［J］. European Journal of Operations Research，1999，115：219-236.

［45］ Hall N G，Potts C N. Supply Chain Scheduling：Batching and Delivery［J］. Operations Research，2003，51：566-584.

［46］ Cheng T，Gordon V S，Kovalyov M Y. Single Machine scheduling with batch deliveries［J］. European Journal of Operational Research，1996，94：277-283.

［47］ Yang X. Scheduling with generalized batch delivery dates and earliness penalties［J］. International of Industrial Engineers Transactions，2000，29：681-692.

［48］ Lee C Y，Chen Z L. Machine Scheduling with transportation considerations［J］. Journal of Scheduling，2001，4：3-24.

［49］ Hall N G，Lesaoana M，Potts C N. Scheduling with fixed delivery dates［J］. Operations Research，2001，49：134-144.

［50］ Li C L，Vairaktarakis G，Lee C Y. Machine scheduling with deliveries to multiple customer locations［J］. European Journal of Operations Research，2005，16（4）：39-51.

［51］ Chen Z L，George L. Vairaktarakis，Integrated Scheduling of Production and Distribution Operations，Manegement Science，2005，51：614-628.

［52］ Potts C N，Wassenhove L N V. Integrating Scheduling with Batching and Lot-Sizing：A Review of Algorithms and Complexity［J］. Journal of the Operational Research Society，1992，43：395-406.

［53］ Webster S，Baker K R. Scheduling Groups of Jobs on a Single Machine［J］. Operations Research，1995，43：692-703.

［54］ Potts C N，Kovalyov M Y. Scheduling with Batching：A Review［J］. European Journal of Operational Research，2000，120：228-249.

［55］ Garey M R，Johnson D S. Computers and Intractability：A guide to the Theory of NP-Completeness［C］//W. H. Freeman，1979.

［56］ Ahmadi J H，Ahmadi R H，Dasu S，et al，Batching and scheduling jobs on batch and discrete processors［J］. Operations Research，1992，39：750-763.

[57] Lenstra J K, Kan A, Brucker P. Complexity of machine scheduling problems[J]. Naval Research Logistics, 1977, 1: 343-362.

[58] Karp R M. Reducibility among combinatorial problems[C]//Complexity of Computer Computations. New York: Plenum Press, c1972, 85-103.

[59] Woeginger G J. When does a dynamic programming formulation guarantee the existence of an FPTAS? [C]//Proceedings of the Tenth Annual ACM-SIAM Symposium on Discrete Algorithms, 17-19 January 1999, Baltimore, Maryland, ACM, 1999.

[60] Karp R M. Reducibility among combinatorial problems[C]//Complexity of Computer Computations, New York: Plenum Press, c1972, 85-104.

[61] Sahni S. Algorithms for Scheduling Independent Tasks[J]. Journal of the ACM, 1976, 23: 116-127.

[62] Horowitz E, Sahni S. Computing partitions with applications to the knapsack problem [J]. Journal of the ACM, 1974, 21: 277-292.

[63] Bruno J L, Coffman E G, Sethi R. Scheduling independent tasks to reduce mean finishing time[J]. Communications of the ACM, 1974, 17: 382-387.

[64] Chen Z L. Parallel machine scheduling with time dependent processing times[J]. Discrete Applied Mathematics, 1996, 70: 81-93.

[65] Hochbaum D S, Landy D. Scheduling with batching: minimizing weighted number of tardy jobs[J]. Operations Research Letters, 1994, 16: 79-86.

[66] Brucker P, Kovalyov M Y. Single machine batch scheduling to minimize the weighted number of late jobs[J]. ZOR-Mathematical Methods of Operations Research, 1996, 43: 1-8.

[67] Kubiak W, Velde S. Scheduling deteriorating jobs to minimize makespan[J]. Naval Research Logistics, 1998, 45: 511-523.

[68] Kovalyov M Y, Kubiak W. A fully polynomial time approximation scheme for minimizing makespan of deteriorating jobs[J]. Journal of Heuristics, 1998, 3: 287-297.

[69] Potts C N, Wassenhove L N V. Single machine scheduling to minimize total late work [J]. Operations Research 1992, 40: 586-595.

[70] Potts C N, Wassenhove L N V. Approximation algorithms for scheduling a single machine to minimize total late work [J]. Operations Research Letters, 1992, 11: 261-266.

[71] Kovalyov M Y, Potts C N, Wassenhove L N V. A fully polynomial approximation scheme for scheduling a single machine to minimize total weighted late work [J]. Mathematics of Operations Research, 1994, 19: 86-93.

[72] Hariri A M A, Potts C N, Wassenhove L N V. Single machine scheduling to minimize total weighted late work[J]. ORSA Journal on Computing, 1995, 7: 232-242.

附录　英汉排序与调度词汇

（2022 年 4 月版）

《排序与调度丛书》编委会

20 世纪 50 年代越民义就注意到排序（scheduling）问题的重要性和在理论上的难度。1960 年他编写了国内第一本排序理论讲义。70 年代初，他和韩继业一起研究同顺序流水作业排序问题，开创了中国研究排序论的先河①。在他们两位的倡导和带动下，国内排序的理论研究和应用研究有了较大的发展。之后，国内也有文献把 scheduling 译为"调度"②。正如 Potts 等指出："排序论的进展是巨大的。这些进展得益于研究人员从不同的学科（例如，数学、运筹学、管理科学、计算机科学、工程学和经济学）所做出的贡献。排序论已经成熟，有许多理论和方法可以处理问题；排序论也是丰富的（例如，有确定性或者随机性的模型、精确的或者近似的解法、面向应用的或者基于理论的）。尽管排序论研究取得了进展，但是在这个令人兴奋并且值得探索的领域，许多挑战仍然存在。"③不同学科带来了不同的术语。经过 50 多年的发展，国内排序与调度的术语正在逐步走向统一。这是学科正在成熟的标志，也是学术交流的需要。

我们提倡术语要统一，将"scheduling""排序""调度"这三者视为含义完全相同、可以相互替代的 3 个中英文词汇，只不过这三者使用的场合和学科（英语、运筹学、自动化）不同而已。这次的"英汉排序与调度词汇（2022 年 4 月版）"收入 236 条词汇，就考虑到不同学科的不同用法。我们欢迎不同学科的研究者推荐适合本学科的术语，补充进未来的版本中。

---

①　越民义，韩继业. n 个零件在 m 台机床上的加工顺序问题[J]. 中国科学，1975(5)：462-470.

②　周荣生. 汉英综合科学技术词汇[M]. 北京：科学出版社，1983.

③　POTTS C N，STRUSEVICH V A. Fifty years of scheduling：a survey of milestones[J]. Journal of the Operational Research Society，2009，60：S41-S68.

1	activity	活动
2	agent	代理
3	agreeability	一致性
4	agreeable	一致的
5	algorithm	算法
6	approximation algorithm	近似算法
7	arrival time	就绪时间, 到达时间
8	assembly scheduling	装配排序
9	asymmetric linear cost function	非对称线性损失函数, 非对称线性成本函数
10	asymptotic	渐近的
11	asymptotic optimality	渐近最优性
12	availability constraint	可用性约束
13	basic (classical) model	基本 (经典) 模型
14	batching	分批
15	batching machine	批处理机, 批加工机器
16	batching scheduling	分批排序, 批调度
17	bi-agent	双代理
18	bi-criteria	双目标, 双准则
19	block	阻塞, 块
20	classical scheduling	经典排序
21	common due date	共同交付期, 相同交付期
22	competitive ratio	竞争比
23	completion time	完工时间
24	complexity	复杂性
25	continuous sublot	连续子批
26	controllable scheduling	可控排序
27	cooperation	合作, 协作
28	cross-docking	过栈, 中转库, 越库, 交叉理货
29	deadline	截止期 (时间)
30	dedicated machine	专用机, 特定的机器
31	delivery time	送达时间
32	deteriorating job	退化工件, 恶化工件
33	deterioration effect	退化效应, 恶化效应
34	deterministic scheduling	确定性排序
35	discounted rewards	折扣报酬
36	disruption	干扰
37	disruption event	干扰事件
38	disruption management	干扰管理
39	distribution center	配送中心

40	dominance	优势, 占优, 支配
41	dominance rule	优势规则, 占优规则
42	dominant	优势的, 占优的
43	dominant set	优势集, 占优集
44	doubly constrained resource	双重受限制资源, 使用量和消耗量都受限制的资源
45	due date	交付期, 应交付期限, 交货期
46	due date assignment	交付期指派, 与交付期有关的指派(问题)
47	due date scheduling	交付期排序, 与交付期有关的排序(问题)
48	due window	交付时间窗, 窗时交付期, 交货时间窗
49	due window scheduling	窗时交付排序, 窗时交货排序, 宽容交付排序
50	dummy activity	虚活动, 虚拟活动
51	dynamic policy	动态策略
52	dynamic scheduling	动态排序, 动态调度
53	earliness	提前
54	early job	非误工工件, 提前工件
55	efficient algorithm	有效算法
56	feasible	可行的
57	family	族
58	flow shop	流水作业, 流水(生产)车间
59	flow time	流程时间
60	forgetting effect	遗忘效应
61	game	博弈
62	greedy algorithm	贪婪算法, 贪心算法
63	group	组, 成组, 群
64	group technology	成组技术
65	heuristic algorithm	启发式算法
66	identical machine	同型机, 同型号机
67	idle time	空闲时间
68	immediate predecessor	紧前工件, 紧前工序
69	immediate successor	紧后工件, 紧后工序
70	in-bound logistics	内向物流, 进站物流, 入场物流, 入厂物流
71	integrated scheduling	集成排序, 集成调度
72	intree (in-tree)	内向树, 入树, 内收树, 内放树
73	inverse scheduling problem	排序反问题, 排序逆问题
74	item	项目
75	JIT scheduling	准时排序
76	job	工件, 作业, 任务
77	job shop	异序作业, 作业车间, 单件(生产)车间
78	late job	误期工件

79	late work	误工，误工损失
80	lateness	延迟，迟后，滞后
81	list policy	列表排序策略
82	list scheduling	列表排序
83	logistics scheduling	物流排序，物流调度
84	lot-size	批量
85	lot-sizing	批量化
86	lot-streaming	批量流
87	machine	机器
88	machine scheduling	机器排序，机器调度
89	maintenance	维护，维修
90	major setup	主安装，主要设置，主要准备，主准备
91	makespan	最大完工时间，制造跨度，工期
92	max-npv (NPV) project scheduling	净现值最大项目排序，最大净现值的项目排序
93	maximum	最大，最大的
94	milk run	循环联运，循环取料，循环送货
95	minimum	最小，最小的
96	minor setup	次要准备，次要设置，次要安装，次准备
97	modern scheduling	现代排序
98	multi-criteria	多目标，多准则
99	multi-machine	多台同时加工的机器
100	multi-machine job	多机器加工工件，多台机器同时加工的工件
101	multi-mode project scheduling	多模式项目排序
102	multi-operation machine	多工序机
103	multiprocessor	多台同时加工的机器
104	multiprocessor job	多机器加工工件，多台机器同时加工的工件
105	multipurpose machine	多功能机，多用途机
106	net present value	净现值
107	nonpreemptive	不可中断的
108	nonrecoverable resource	不可恢复（的）资源，消耗性资源
109	nonrenewable resource	不可恢复（的）资源，消耗性资源
110	nonresumable	（工件加工）不可继续的，（工件加工）不可恢复的
111	nonsimultaneous machine	不同时开工的机器
112	nonstorable resource	不可储存（的）资源
113	nowait	（前后两个工序）加工不允许等待
114	NP-complete	NP-完备，NP-完全
115	NP-hard	NP-困难（的），NP-难（的）
116	NP-hard in the ordinary sense	普通 NP-困难（的），普通 NP-难（的）
117	NP-hard in the strong sense	强 NP-困难（的），强 NP-难（的）

118	offline scheduling	离线排序
119	online scheduling	在线排序
120	open problem	未解问题,(复杂性)悬而未决的问题,尚未解决的问题,开放问题,公开问题
121	open shop	自由作业,开放(作业)车间
122	operation	工序,作业
123	optimal	最优的
124	optimality criterion	优化目标,最优化的目标,优化准则
125	ordinarily NP-hard	普通 NP-(困)难的,一般 NP-(困)难的
126	ordinary NP-hard	普通 NP-(困)难,一般 NP-(困)难
127	out-bound logistics	外向物流
128	outsourcing	外包
129	outtree(out-tree)	外向树,出树,外放树
130	parallel batch	并行批,平行批
131	parallel machine	并行机,平行机,并联机
132	parallel scheduling	并行排序,并行调度
133	partial rescheduling	部分重排序,部分重调度
134	partition	划分
135	peer scheduling	对等排序
136	performance	性能
137	permutation flow shop	同顺序流水作业,同序作业,置换流水车间,置换流水作业
138	PERT(program evaluation and review technique)	计划评审技术
139	polynomially solvable	多项式时间可解的
140	precedence constraint	前后约束,先后约束,优先约束
141	predecessor	前序工件,前工件,前工序
142	predictive reactive scheduling	预案反应式排序,预案反应式调度
143	preempt	中断
144	preempt-repeat	重复(性)中断,中断-重复
145	preempt-resume	可续(性)中断,中断-继续,中断-恢复
146	preemptive	中断的,可中断的
147	preemption	中断
148	preemption schedule	可以中断的排序,可以中断的时间表
149	proactive	前摄的,主动的
150	proactive reactive scheduling	前摄反应式排序,前摄反应式调度
151	processing time	加工时间,工时
152	processor	机器,处理机
153	production scheduling	生产排序,生产调度

154	project scheduling	项目排序, 项目调度
155	pseudo-polynomially solvable	伪多项式时间可解的, 伪多项式可解的
156	public transit scheduling	公共交通调度
157	quasi-polynomially	拟多项式时间, 拟多项式
158	randomized algorithm	随机化算法
159	re-entrance	重入
160	reactive scheduling	反应式排序, 反应式调度
161	ready time	就绪时间, 准备完毕时刻, 准备时间
162	real-time	实时
163	recoverable resource	可恢复(的)资源
164	reduction	归约
165	regular criterion	正则目标, 正则准则
166	related machine	同类机, 同类型机
167	release time	就绪时间, 释放时间, 放行时间
168	renewable resource	可恢复(再生)资源
169	rescheduling	重新排序, 重新调度, 重调度, 再调度, 滚动排序
170	resource	资源
171	res-constrained scheduling	资源受限排序, 资源受限调度
172	resumable	(工件加工)可继续的,(工件加工)可恢复的
173	robust	鲁棒的
174	schedule	时间表, 调度表, 调度方案, 进度表, 作业计划
175	schedule length	时间表长度, 作业计划期
176	scheduling	排序, 调度, 排序与调度, 安排时间表, 编排进度, 编制作业计划
177	scheduling a batching machine	批处理机排序
178	scheduling game	排序博弈
179	scheduling multiprocessor jobs	多台机器同时对工件进行加工的排序
180	scheduling with an availability constraint	机器可用受限的排序问题
181	scheduling with batching	分批排序, 批处理排序
182	scheduling with batching and lot-sizing	分批批量排序, 成组分批排序
183	scheduling with deterioration effects	退化效应排序
184	scheduling with learning effects	学习效应排序
185	scheduling with lot-sizing	批量排序
186	scheduling with multipurpose machine	多功能机排序, 多用途机器排序
187	scheduling with non-negative time-lags	(前后工件结束加工和开始加工之间)带非负时间滞差的排序

188	scheduling with nonsimultaneous machine available time	机器不同时开工排序
189	scheduling with outsourcing	可外包排序
190	scheduling with rejection	可拒绝排序
191	scheduling with time windows	窗时交付期排序, 带有时间窗的排序
192	scheduling with transportation delays	考虑运输延误的排序
193	selfish	自利的
194	semi-online scheduling	半在线排序
195	semi-resumable	(工件加工) 半可继续的,(工件加工) 半可恢复的
196	sequence	次序, 序列, 顺序
197	sequence dependent	与次序有关
198	sequence independent	与次序无关
199	sequencing	安排次序
200	sequencing games	排序博弈
201	serial batch	串行批, 继列批
202	setup cost	安装费用, 设置费用, 调整费用, 准备费用
203	setup time	安装时间, 设置时间, 调整时间, 准备时间
204	shop machine	串行机, 多工序机器
205	shop scheduling	车间调度, 串行排序, 多工序排序, 多工序调度, 串行调度
206	single machine	单台机器, 单机
207	sorting	数据排序, 整序
208	splitting	拆分的
209	static policy	静态排法, 静态策略
210	stochastic scheduling	随机排序, 随机调度
211	storable resource	可储存 (的) 资源
212	strong NP-hard	强 NP-(困) 难
213	strongly NP-hard	强 NP-(困) 难的
214	sublot	子批
215	successor	后继工件, 后工件, 后工序
216	tardiness	延误, 拖期
217	tardiness problem i.e. scheduling to minimize total tardiness	总延误排序问题, 总延误最小排序问题, 总延迟时间最小化问题
218	tardy job	延误工件, 误工工件
219	task	工件, 任务
220	the number of early jobs	提前完工工件数, 不误工工件数
221	the number of tardy jobs	误工工件数, 误工数, 误工件数
222	time window	时间窗
223	time varying scheduling	时变排序

索　引